空を、読む。

佐々木まなび

芸術新聞社

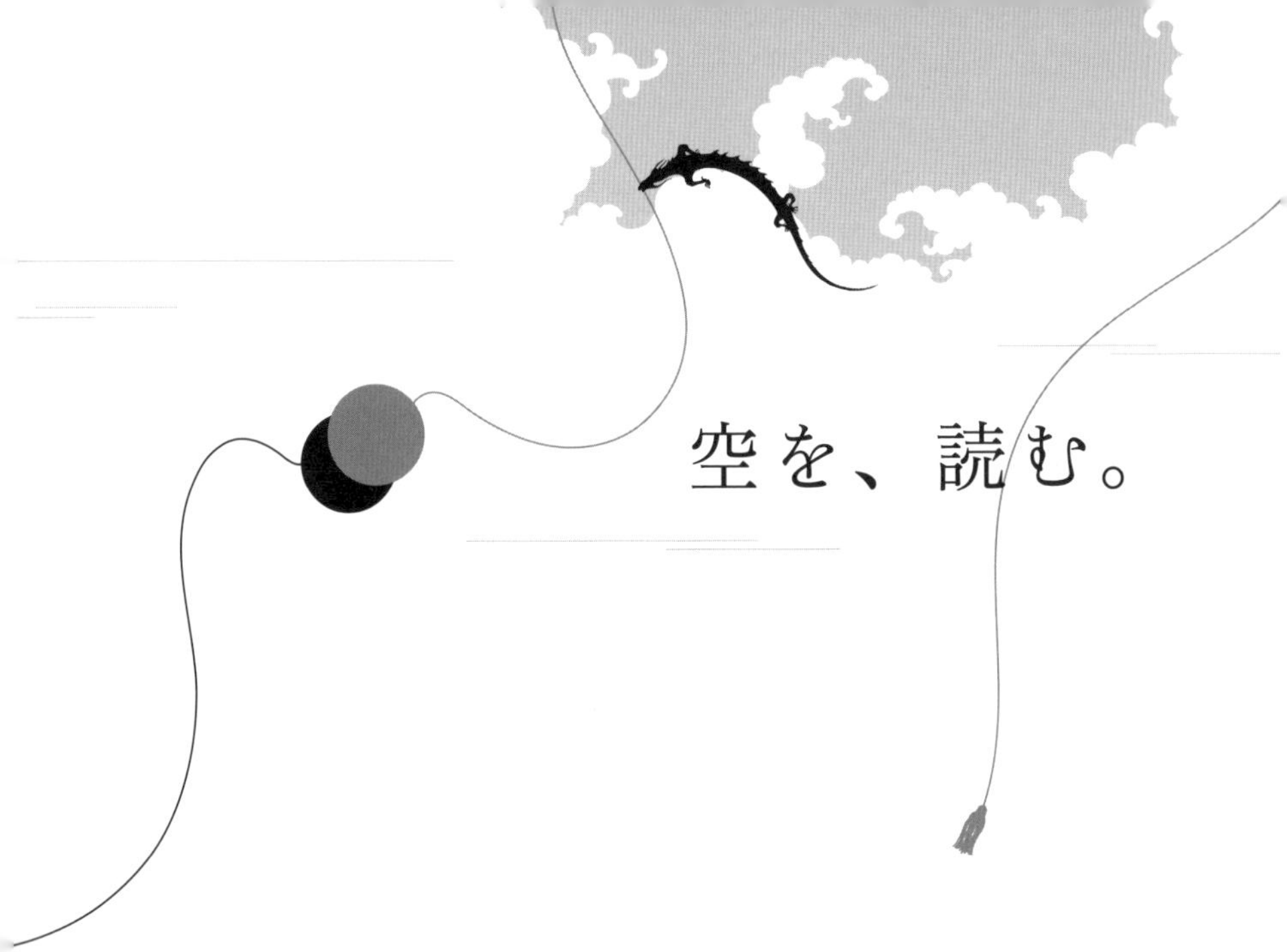

空を、読む。

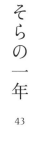

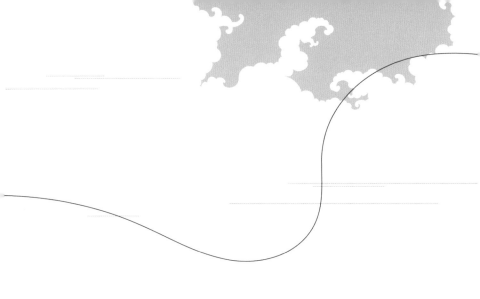

雨女からの絵空事

「どうしよう」
思わず空を、見上げてしまった――。
「空の本」のお話をいただいてしまったのだ。
雨と空、切っても切れないご縁がありそうだが恐縮してしまう。
そう思いながらも、頭の中はまた、
空のことでいっぱいになってしまっていた。
気象の詳しいことは、プロの方々にお任せしよう。
私に何が伝えられるのだろうか。普段ふわふわの頭を頑張って回転させた。
メモを書きはじめたら、幼い頃から見ている視点と何も変わらない自分に気がつく。
友人の言葉が浮かぶ。「まなびは幾つになっても少年のようやね」……。
その言葉を、心の中で何度繰り返したことだろう。
「落ち着け、私！」　気合を入れた日は、長靴を履いてのスタート。土砂降り……。
空を見上げることはできなかった……。

写真を整理してみると意識していた以上に空を撮っていた。
同時に、その瞬間の出来事や、季節の香り、気配が、一気に溢れ出す。
母との「雲あそび」からメモは始まった。
良いときばかりではない。それぞれの人にさまざまな出来事は訪れる。
でも空は、自分が上を向くだけで、いつも、いつもそこにあった。
ふと、見上げた雲が、龍にみえて、狐にみえて、雲はどんどん姿を変えてゆく。
眺めて、ただ眺めて、見失いそうな自分を、ちっぽけな自分を、
思い出させてくれて、助けてもらった気持ちになる。
沢山の年月を得て、少しだけ知識ができて、夕焼けの原因だとか、
どんな現象がこの景色をつくっているのかも分かってきた。分かってるけど、
信じられないくらい美しい夕焼けを見たときは、
「現象」という言葉では伝えられないくらい、心が動く。
そんな日本の空、雲や風のことを書くことが、できるかもしれない。
それぞれの人生の、たくさんの思い出とともに……。

ニッポンの空

「風と雲」が、自然界すべてを表すという。
雲の生まれる場所があったり、雲の果てがある。
宇宙という別の世界の言葉のような響きに
違和感を覚えるのは、先人たちが生み出した言葉が
あまりに美しいからかもしれない。

鈴木晴信「清水の舞台より飛ぶ美人」

うつくしの空

羽二重曇り《はぶたえぐもり》

羽二重という絹織物のように、白く滑らかで光沢さえ感じるような曇り空のこと。「羽二重」は、絹糸に撚《よ》りをかけていない生糸で織った上質の生地のこと。経糸を整えるための道具を「羽《は》」と呼び、この間に二本の糸を通すことからこの名がついた。

さし曇る《さしぐもる》

曇ることを少し強調した言葉。「さし」は語調を整えたり意味を強めたりする語。また、「かき曇る」などは似ているが、雲や霧でまたたく間に空が暗くなることをいう。

燻し空《いぶしぞら》

煙で燻したほどに、ただ暗い曇り空のこと。北原白秋の詩『曇り日のオホーツク海』*がその空気感を言葉にしている。

無月《むげつ・むつき》

曇り空で、月が見えないこと。とくに十五夜(旧暦の八月十五日)中秋の名月が見られないことをいう。空を覆う雲越しの、ほんのり明るい月の気配を楽しむ言葉。雨の十五夜に月が隠れてしまうことを「雨月」「雨名月」という。この時期は雨が多く、美しい月の夜は少ない。先人たちは俳句や和歌に「月」の字を入れ、見えない月も楽しんだ。秋の季語。

『曇り日のオホーツク海』*

北原白秋　海豹と雲

光なし、燻し空には日の在処《ありど》、ただ明るのみ。かがやかず、秀《ほ》に明るのみ、オホーツクの黒きさざなみ。影は無し、通風筒の帆の綱が辺《へ》に揺るるのみ。眺めやり、うち見やるのみ、海豹《あざらし》のうかぶ潮なわ。寒しとし、厚しとし、ただ、霧と風、過がひ舞ふのみ。われは誰ぞ、あるかなきのみ、酔はむとも、醒めむとも、まだ。燻し空、かがやかぬ波、見はるかす円《まろ》き涯《はて》のみ。

朧雲　おぼろぐも

すりガラスを通したように月を霞ませておぼろに見せる雲のこと。空一面に広がり、この雲がかかると〝雨が降る前兆〟といわれる。

八重雲　やえぐも

幾重にも重なる雲のこと。「八重」は、八枚だけではなく、数多く重なることをたとえていう言葉。この言葉を聞くと「天《あめ》の八重雲」や「八百万《やおよろず》の神」が頭に浮かぶのは私だけだろうか。

雲の澪　くものみお

雲が流れゆく様子を、川の澪に見立てた言葉。雲の通り道のこと。「澪」は、川や海の底が深く、船の通行に適した水路のこと。

雲の帳　くものとばり

雲のかかる姿を、部屋の中や、部屋と外部を仕切る薄い布地のような帳に見立てている。

雲の梯　くものかけはし

雲がたなびく姿を、かけはしに見立てた言葉。

雲海《うんかい》

眼下一面に海のように広がった雲や霧。富士山や「天空の城」と呼ばれる竹田城跡など、この幻想的な景色に出合える有名な場所が各地にある。

彩雲《さいうん》

虹のように光る雲のこと。太陽光が雲に含まれる水滴を回り込む(回析)とき、光の波長の曲がり方や進み方によって人間の目に届く色が違ってくるため。彩雲は地震の前触れともいわれるが、古くから吉兆とされ、地震との関係性は科学的には示されていない。この雲に出会っただけで、幸運が訪れそうだ。

一朶雲《いちだぐも》

一筋の雲や、ひとかたまりの雲のこと。「朶《だ》」は、雲を数えるときの単位。また、一輪の花を「一朶の花」ともいう。司馬遼太郎の小説『坂の上の雲』の、あとがきに出てくる言葉が有名。

香雲《こううん》

一面に広がる満開の桜を雲に見立てた言葉。また、立ちのぼるお香の煙が雲に見えること。

ちぎれ雲《ちぎれぐも》

厚い雲の下を、ちぎられたような小さな雲の塊がいくつも浮かぶ。層状に広がらず、やがて上層の雲に溶け込んでいく。「断片雲」と同意。

雲の通い路

くものかよいじ

雲の行き来する道。天上と通うことのできる道があるといわれていた。『古今集』巻十七に詠まれた僧正遍昭《そうじょうへんじょう》の「天つ風」は有名。

雲居路

くもいじ

雲の中にある道。月や鳥などが渡るといわれている。また、長い旅路や遠い道のりのたとえ。

雲路

くもじ

雲のたなびく山路や、雲の行方のこと。また、月や鳥などが行き来する雲の中にある道のこと。「雲居路」と同意。

雲の便り

くものたより

雲に託す便り。届かないものと分かりながらも、こころ募る想いを雲や風に便りを託したように思うこと。『伊勢集』にある「かくばかりおつる涙のつつまれば雲のたよりに見せましものを」とは、このほどまで流れ落ちる涙が包めるものなら、雲の上への便りに送って見せるだろうに……との意。「風の便り」と同意。

薄雲《うすぐも》

白くて薄いヴェールのような雲で、空を広く覆うことが多いが、気づかないくらいに薄い。陰影のない雲で、太陽の光を遮ることがない。太陽や月の光で暈がかかることもある。

流雲《りゅううん》

ゆっくりと流れて散ってゆく雲のこと。この、たなびく雲を文様化したものを「流雲文」といい、吉祥を表す文様となっている。中国、漢時代に銅鏡や器の縁飾りとなっていた「竜文」が変化したものともいわれる。

有無雲《ありなしぐも》

微かに見える雲のこと。名前の通り、有るのか無いのかわからないからついた名。

微雲《びうん》

文字の通り、わずかな雲、ほんの少しの雲のこと。

寸雲《すんうん》

ほんの少し、一片《ひとひら》の雲のこと。

ぎんいろの
水のうえを　なでるように
あおい、風が
渡ってゆきます

くさいろの
轍のうえを　なぞるように
雲の、影が
滑ってゆきます

水づく、まえの
この季節
うごく、時間《トキ》を
——ただ、みています

風

風の宿り　かぜのやどり

風の宿っている処、風の住みか。風を人に見立てた言葉。

風の調べ　かぜのしらべ

風の音により、自然に創り出される美しい響き。「調べ」は音楽を奏でることや、音を通して感じる情緒のことをいう。

扇の手風　おうぎのてかぜ

扇子をあおいで送る風。ゆっくりとした動作と「手風」の音が美しく涼しそうに聞こえる。

風の手枕　かぜのたまくら

心地よい風に吹かれながら、うたた寝をすること。

風道　かざみち・かぜみち

風の通り道。風が吹き抜ける道のこと。また、風が通った後のこともいう。「風筋《かざすじ》」と同意。

風の道　かぜのみち

川に沿う場所など地形により、風が通りやすい「道」のこと。強風や突風、竜巻などが発生しやすい場所。また、この考え方を利用し、都市部の気温の上昇を抑える、都市計画などが進められている。

風戯　かぜそばえ

風が柔らかに吹くこと。ゆらゆらとした動きや舞って遊ぶような様子から「戯れ」といわれる。

時知らずの風
ときしらずのかぜ

季節に左右されない風のことで「季知らずの風」*とも書く。風が吹く場所、方位、時間に分けられ、その背景、環境によって色々な名がつく。はるか高い上空に吹く「天つ風」、朝に吹く「朝風」など。

時つ風
ときつかぜ

時節にかなったちょうど良い風。「順風」ともいう。潮が満ちるときに吹く風のこともいう。

通り風
とおりかぜ

ひとしきり吹いた後、スッとやんでしまう風。通りすぎる風のこと。

朝羽振る
あさはふる

朝、鳥が羽ばたくように、激しく波風が立つこと。夕方に波が立つことを「夕羽振る」という。言葉の音がとても美しい。

風越
かざごし・かざこし

風が吹き越えていくところ。木曽山脈にある「風越山」は山頂あたりの凹みが風の通り道となり、風が山を超えてくるそうだ。歌枕としても良く知られる。なかでも「吹き乱る風越山の桜花麓の雲に色やまがはん」は、風に乱れる満開の桜は雲の色のようで、山麓にたなびく雲とみまがうようだ――と、とても美しい景色を想像させる。

---

*季知らずの風

数多くの呼び名を持ち、最も身近に感じる風で、大きく三つに分けられる。

―風が吹く場所
家風・紅風・河原風・島風・軒の下風

―風が吹く方位
偏西風・丑寅風・広漠風・南風・恵風

―風が吹く時間
日和風・夕風・暁風・小夜嵐・晩風

明日香風　あすかかぜ

「飛鳥風」とも書く。奈良県明日香地方に吹く風。明日香盆地に吹く風をさしているのではなく、追憶の心情として万葉集で詠まれている。「采女《うねめ》の 袖吹きかへす 明日香風 都を遠み いたづらに吹く―志貴皇子《しきのみこ》」都が明日香から藤原に遷都した後のしのぶ想いの風。

風樋　かざとい

風通しなど、気持ちよさそうな響きだが、これは鉱山などで設置されるもので、坑内に向けて風を導き、空気を通すための重要な役割を持つ樋。

風はむ　かざはむ

風にさらす、風にあてるという意味。

風の匂い　かぜのにおい

具体的な答えはなく、風に乗ってやってくる季節の花や緑、土の香などの総称のことをいう。それを感じる人によって様々な思い出や感情も含まれる。風や音は目に見えない分、付加されるものは多い。

風香　ふうこう

花の香りを含んで吹く風のこと。春のイメージが多いが「香りのする風」のことをいう。

霧

霧の迷い　きりのまよい

心の迷いや憂いを、霧が深くて、物事が良く見えないことにたとえている。また『源氏物語』では、立ち込める霧に風情を感じ詠まれた歌もある。

霧の香　きりのか

霧の立ちのぼる様子を、香を焚いたときの煙に見立てた言葉。秋の澄み切った空気の山などで見られることが多い。

霧の雫　きりのしずく

霧の立っている中で、木々や草花が濡れていること。

霧海　むかい

まさに、海のように見えるほど、谷や平野一面を覆う霧のこと。幻想的な風景となる。

水霧　すいむ・みずぎり

水面に立つ霧。特に川に立つ霧のことをいう。「水霧《みなぎ》らふ」と書くと動きがつき、水しぶきが立ち続けることをいう。また、妖怪「ぬりかべ」の技の一つで、霧を自在に操る。

迷霧　めいむ

方角も全く分からないほどの深い霧のこと。また、霧の中を彷《さま》徨《よ》うような心の迷いを、濃い霧にたとえた言葉。

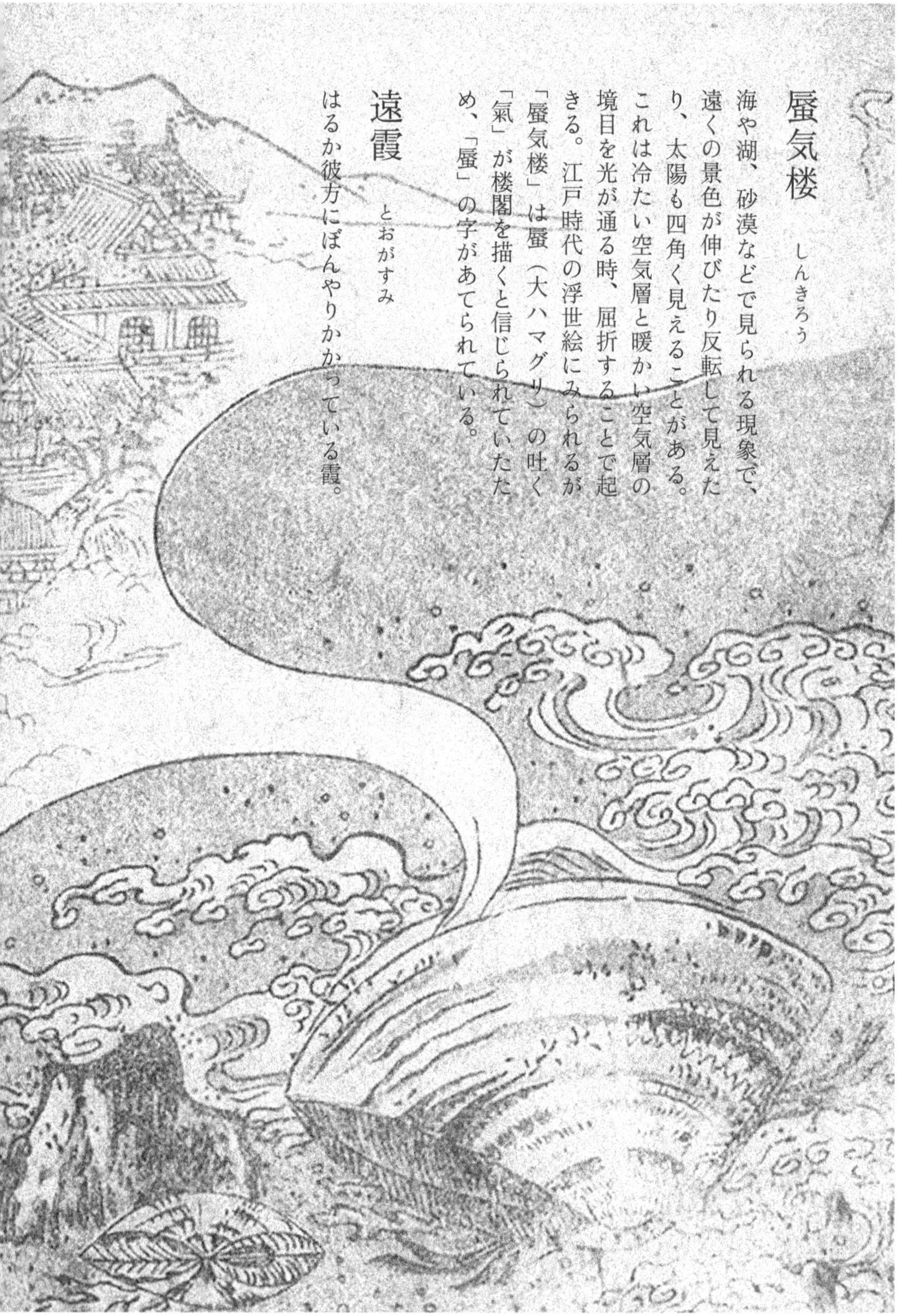

蜃気楼《しんきろう》

海や湖、砂漠などで見られる現象で、遠くの景色が伸びたり反転して見えたり、太陽も四角く見えることがある。これは冷たい空気層と暖かい空気層の境目を光が通る時、屈折することで起きる。江戸時代の浮世絵にみられるが「蜃気楼」は蜃（大ハマグリ）の吐く「氣」が楼閣を描くと信じられていたため、「蜃」の字があてられている。

遠霞《とおがすみ》

はるか彼方にぼんやりかかっている霞。

蜃氣樓

史記《しき》の天官書《てんくわんしよ》にいはく
海旁《かいばう》蜃氣《しんき》ハ樓臺《ろうだい》に象《かたど》ると
云々《うんぬん》 蜃《しん》とハ大蛤《おほはまぐり》なり 海上《かいしやう》に氣《き》をふきて
樓閣《ろうかく》城市《じやうし》のかたちをあらはす これを蜃氣樓《しんきろう》となづく 又海市《かいし》とも云

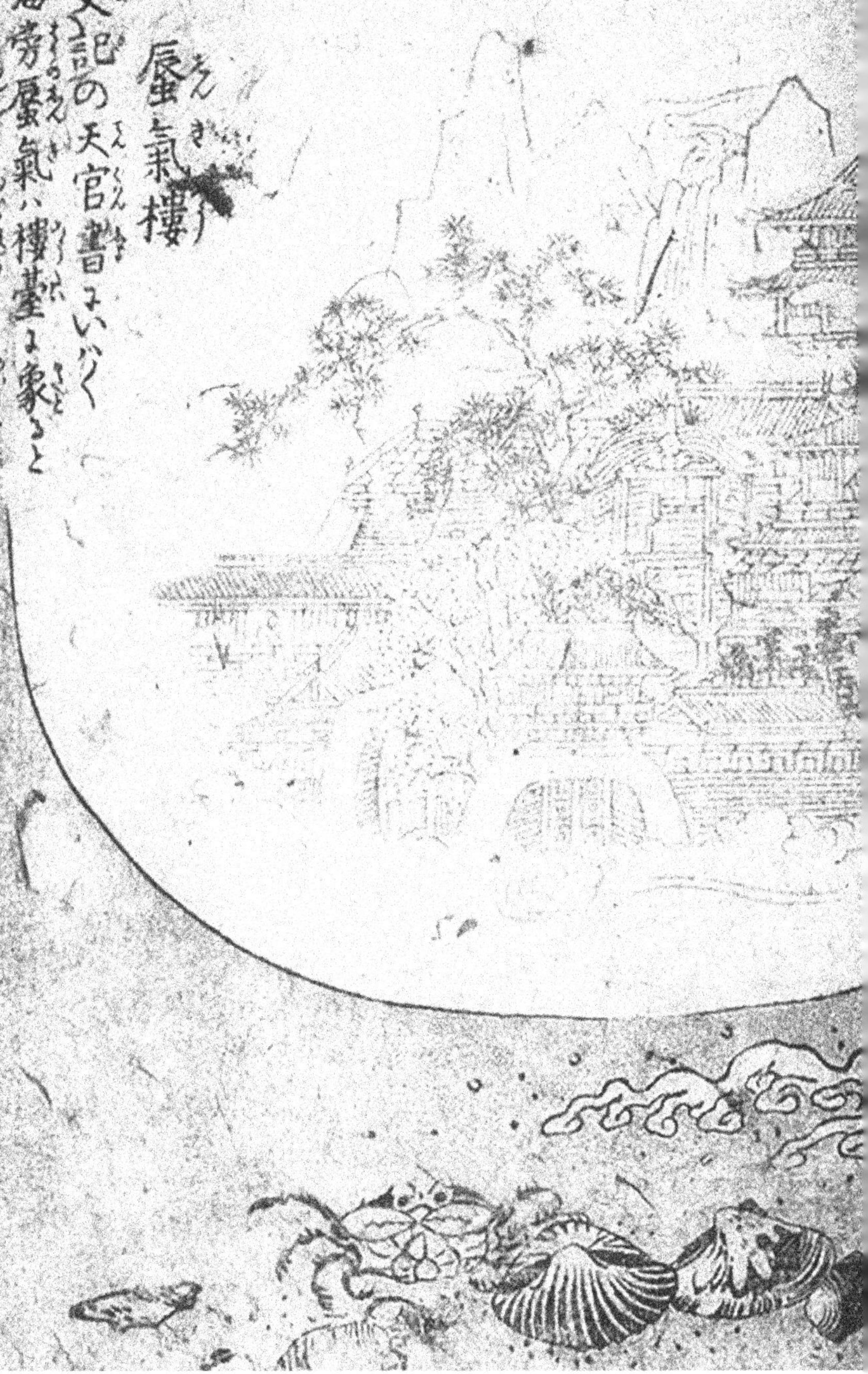

雪

淡雪《あわゆき》

春先に降る、はかない雪。大きめの雪片だが、水分が多く地面に落ちてもすぐに消えてしまう。このはかなさを表した、卵白と寒天で作った和菓子がある。

粉雪《こなゆき》

さらさらとした細かい粉のような雪。軽くて、水分が少なくパウダースノーとよばれ、スキーなどをする方に好まれている。北海道などの寒い地域に多い。

白雪《しらゆき・はくせつ》

真っ白な雪。美しさを代表するように「白雪姫」など、多くのものに名前がつけられている。

玉雪《ぎょくせつ・たまゆき》

多数の雪玉がくっついて一塊になって雪の季節のはじめと終わり頃に降る、雪片の丸い雪のこと。また、宝石のように美しい雪のたとえに使われることもある。

牡丹雪《ぼたんゆき》

牡丹の花びらのように大きな雪片で、結晶が数個から数百個絡み合って降る雪。気温が高めになる冬のはじめや、終わり頃に降る。

綿雪《わたゆき》

手でちぎった綿のような形が特徴のフカフカした雪で、水分を多く含む。「牡丹雪」よりやや小さいものをいう。

風花　かざはな・かざばな

冬の雲の少ない晴れた日に、細かな雪が舞うように降ること。また、山に積もった雪などが風に吹かれ、チラチラと飛んでくること。

雪華・雪花　せっか

花のように舞う雪や、降る雪の結晶を花にたとえた言葉。「雪の花」「六花《りっか》」ともいう。

名残り雪　なごりゆき

春に消えずに残っている雪や、春になってから冬を惜しむように降る雪のこと。「雪の果て」「忘れ雪」ともいう。

銀雪　ぎんせつ

積もっている雪が、光に反射して美しく銀色に見えること。

雪明かり　ゆきあかり

雪が積もり、周りの光が反射し、夜も周囲が薄明るく見えること。

雪化粧　ゆきげしょう

あたり一面に降り積もった雪により、真っ白な景色に一変して美しいことを「化粧」とたとえた言葉。

細雪　ささめゆき

細かく、ひらりと軽めに降る、まばらな雪のこと。谷崎潤一郎の小説『細雪』が映画化され、美しい映像で有名となる。

朝

空を、刻む

朝焼け《あさやけ》

夜が明けたとき、東の空が太陽の光の影響を受け、赤く染まって見えること。「夕焼け」は日没の頃、西の空が赤く染まっていくこと。どちらの時間帯も太陽が地平線に近くなり、光は大気中を通る時間が長くなる。その中でも波長の長い、橙色や赤色の光が届きやすいため、空が赤く焼けているように見える。夕焼けの方が、時間帯の長さだけ赤味も強い。

暁雲《ぎょううん》

夜明けの頃、東の空にかかっている雲。

暁《あかつき》

夜明けの近い頃、まだ陽の出ていない空が明るくなりはじめる時間のこと。先人たちはこの「時」の動きを細かく分けていた。「暁」は空がまだ暗い頃。「東雲《しののめ》」は闇色に光の気配を感じ、空が白む頃。「曙《あけぼの》」はちょうど日の出る前、空がほんのり朱に染まる頃。夜が明ける様子が柔らかに浮かぶ言葉だ。

曙《あけぼの》

夜が少しずつ明けはじめる頃のこと。元のかたちは「明仄《あけぼの》」と書き、「夜明けの頃、仄仄《ほのぼの》(微かに明るくなる様)する…」と使われていた。「朝ぼらけ」にも同じような意味合いがある。

朝焼け雲

あさやけぐも

朝の雲が、日の出の光で朱く染まって見える雲。特に濃く鮮やかに染まる日は水蒸気が多い。諺にもあるように「朝焼けは雨」（「夕焼けは晴れ」）といわれるが、朝焼けを見たら幸せな気がするのは雨女の私だけではないと思う。

山蔓

やまかずら

明け方、山頂や山の端《は》にかかる雲のこと。この雲がかかると雨が降るといわれる。一般には、植物の「日陰蔓《ひかげのかずら》*」の異名。

朝風

あさかぜ

朝に吹く風。日の出の後、陸から海上へ。また、山頂から谷に向かって吹く。風は気温の低い方から高い方へと動く。

晨風

しんぷう

朝に吹く風のこと。「晨」は、朝、夜明けの意味を持つ。「晨《しん》粧《しょう》」だと、朝の化粧や身支度。「晨鶏《しんけい》」は夜明けを告げる鶏。「晨星」は夜明けの空に残る星の意味から、物事のまばらなさま、となる。漢字が違うと奥行きが違ってくるのは面白い。

*日陰蔓《ひかげのかずら》

冬でも鮮やかな緑色を保つことから縁起物とされ、神事や、正月飾りなどで目にする。山に這うように生えているが、金魚藻に似ていて可愛いなと以前から思っている。

『今昔画図続百鬼』の最後の項に出てくるこの図『日の出』は、神々しい太陽が現れ、妖魔たちが退散していくところが面白く描かれている。この画図の最初の頁は『逢魔時』からはじまる。

鳥山石燕『今昔画図続百鬼』より「日の出」

朝凪 あさなぎ

夏の朝、陸風が海風に変わるとき、一時的に風が無くなる状態のこと。「朝和ぎ」とも書く。朝凪が終わると海風が吹く。湖にもこの時間があり、静かな朝、少し不思議な時間が流れ、見入ってしまう。夏の季語。

朝霧 あさぎり

朝に立つ霧のこと。秋の季語。富士山の麓にある朝霧高原は朝霧が発生しやすいことから名付けられている。

暁風 ぎょうふう

夜明けの頃に吹く風。

暁霧 ぎょうむ

夜明けの頃の霧。朝霧のことで、水墨画のような風景となる。

朝霞 あさがすみ

朝にたちこめる霞のこと。春の季語。中国では「朝霞には門を出でず、暮霞には千里を行く……」ということわざがあるように朝霞は雨が降るので遠出はしない。夕霞は晴れの前兆なので遠出をしても良いという。

ノ、時間

ナニモナイ時間

ただ水面を
見ル
ただ水音を
聴ク

夢と、闇と、自分が
見エル

自由ノ時間

夕

空を、刻む

夕焼け　ゆうやけ

日没の前後、地平線に近い西の空が赤く見えること。太陽が低いと光は大気を斜めに通過するため、人の目に届くまでの距離が長くなる。その間波長の短い青系の光は拡散、波長の長い橙や赤系の光が残るため。朝焼けに比べ、夕焼けの方が時間帯の長さだけ赤味も強い。夏の季語。

夕映え　ゆうばえ

夕日を受けた空が、光り輝くこと。「夕焼け」と同意。また、夕日を受けて、物の色や姿が美しく浮かび上がり、映えて見えること。

黄昏　たそがれ

夕暮れの薄暗い中で、景色が黄金色に色づく時間帯のこと。また、この言葉は江戸時代になるまで「誰そ彼《たそかれ》」と呼ばれた。薄暗くなり顔の見えづらい時間帯に「彼は誰ぞ……あなたは誰ですか？」と尋ねる頃の時間。

薄明　はくめい

日の出の少し前、また日の入りの少し後の、まだ空に薄明るさの残るときのこと。大気中の塵に光が散乱して起こる。

晩霞　ばんか

春、夜または夕方に霞が立つこと。夕霞《ゆうがすみ》ともいう。春の季語。

スーパームーン

「太陽」そして「月」が低い位置にある時、大きく見えるのは「目の錯覚」だという。夢のない話だが人間の脳はとても良く出来ていて、遠くにあるものほど大きいと錯覚してしまう。地平線や周りの景色に奥行きを感じとってしまい、大きいと錯覚してしまうそうだ。しかし「スーパームーン」と呼ばれる大きな満月は実際に月が地球に近づいて大きく見えるもので、特定の条件が揃った時にだけみられる。

夕方　ゆうがた

季節によって時間帯はちがうが、日の暮れるとき、日の沈む頃のこと。気象庁では15時頃～18時頃までのことを「夕方」という。

夕霧　ゆうぎり

秋の夕方にかかる霧のこと。源氏物語にも登場する人物の美しい名だが、夕霧は男の子。

夕霞　ゆうがすみ

夕方に立つ霞のこと。晩霞ともいう。霞は、夜になると朧と呼ばれる。春の季語。

夕凪　ゆうなぎ

海岸地方で、夕方の海風から、陸風が吹き出すまでの、無風の時間。陸と海の温度が同じになって風が動かなくなった状態をいう。夏の季語。

入雲　いりぐも

夕方、西の空に見られる雲のことで、北または西北に進み、翌日は雨。逆に朝方、東の空に見られる雲は「出雲《いずも》」。南に進み、その日は晴れる。それぞれ「上り雲」「下り雲」ともいう。

夜

空を、刻む

宵《よい》

日暮れからしばらくの時間帯のこと。古くは夜の時間を「宵」「夜中」「暁」の三つに分け、「宵」は日暮れから夜中までのことを指した。祭りなど、特別な日の前夜のこともいう。「宵宮」「宵山」など。

雲の掛け布団《くものかけぶとん》

雲のない晴れた夜は暖まった空気が宇宙に放出され(放射冷却)冷え込む。このときの「夜の雲」を布団にたとえた言葉。また「昼の雲」は日傘のように太陽の熱から気温の上昇を抑えてくれる。

夜光雲《やこううん》

地球上で最も高い上空に発生する特殊な雲。日の出前や日没後のまだ仄暗い空に光り、青白いとも、銀色ともいわれ、赤く染まる部分もある。初めて撮影された時、ドイツ語で「夜に光る雲」と名付けられ、日本語でこの名となった。自ら光ることのない雲が太陽光の反射で光るのは、雲の成分が主に氷だということ。美しくも怪しい光景。

晩風《ばんぷう》

日が暮れた後、夜に吹く風のこと。「夕風」ともいう。「晩」は、夕暮れと夜の間の時間帯、夜のはじめ頃、とされるため。

朧

おぼろ

夜の霞や雲のこと。ぼんやりとかすむさま。夜は「朧」となり、月の輪郭などがぼやけてはっきり見えないことを「朧月夜」という。同じ現象だが昼間は「霞」と呼ぶ。

朧月夜

おぼろづきよ・おぼろづくよ

春の夜、月が柔らかに霞んで輪郭がはっきりとしないこと。この月夜の情景のことをいう。春の季語。

霧月夜

きりづきよ・きりづくよ

霧が立ちこめる月夜のこと。

夜嵐

よあらし

夜に吹く嵐。謡曲「紅葉狩」に、紅葉狩りに出た平維茂が深山の中で出会った高貴な姫（実は鬼神）に勧められるまま美酒に酔い、「暮れ行く空に雨うち注ぐ夜嵐のものすさまじき山陰に」――月を待ちながらつい転寝していると、本性を現した鬼神が襲いかかり、大立ち回りとなる。

夜半の嵐

よわのあらし

夜中に吹く無常の嵐。親鸞聖人の「明日ありと思ふ心の仇桜夜半に嵐の吹かぬものかは」――一夜で桜を散らしてしまう嵐とは、この世の無常と気付かぬうちに物事は変わってしまうことのたとえ。

月夜の窓の向こう側

静かだけど、落ち着かない夜だった。
そもそもこの家は、家を建て替えるまでの三ヶ月の仮住まい。
不思議な体験は何度目だろう……ただ、この夜は、怖くはなかった。
広い庭のある、憧れの古い木造二階建て。ここの階段で色々あったのだが……
二階の窓は大きくて、上下二段のガラス窓、下の大きな窓だけ夜は雨戸が閉まる。
上段の細い横長のガラス窓から、空が見えるようになっていて、
今夜は満月がのぞいている。
なんだか落ち着かない。
「なんだ？　これ……」静かだけど騒がしい。
表現できない感覚に苛立ち、横に寝ている母を見た。
母の目線はまっすぐ私と同じところを見ている。
ガラスの向こうには……月しか見えない。
私に気づいた母はやっぱり……、といった顔で
「いっぱい、いはるよね、雨戸の向こう……」
ゾッとした。同じだった。
「そう。何十人とかじゃない。何十万人という分からない気配、いや視線」
母はゆっくりと頷いた。
姉は、相変わらずぐっすり寝ている。

二人が眺めているのは月ではなく、閉まった雨戸の向こう側。

「怖くないね」

「うん」。「でも何かあるのかもしれへん」

この会話で腑に落ちたのか、慣れている母は寝てしまった。

私は、急いで窓の反対側の母の布団に潜り込んだ。

お昼前に電話が鳴る。

「先生、亡くならはった！」と祖母が慌てている。

私たちにとって〝ちょっと視てもらえる、相談できるおばあさん〟は大企業の社長さんから著名な方まで、何万人という人たちの〝頼れる先生〟だった。

前作『雨を、読む。』にも登場しているその方は、
最期まで、私たち親子を気にかけてくださっていたそうだ。

「先生、きっとたくさんのお弟子さんを連れて、お別れに来てくれはったんやね」

優しい顔で、母はつぶやいたが――。

お弟子さんだけとは思えない。私はあんなに多くの「人の気配?」を知らない。

以来、雨戸を閉めて寝ることができない。

「感覚と気配」という、目に見えないものには、いつも答えがない。ただ、これを「無かったこと」にするには、何か大切なことを置いてきてしまう気は、した。

白夜　びゃくや・はくや

北極や南極付近で起こる、太陽が一日中沈まず、薄明るいまま夜が明けるという自然現象。これは地球の地軸が傾いているため極点に近いほど長い期間続き、太陽の影響を受ける。

極夜　きょくや

「白夜」とは全く反対の自然現象で、これも北極や南極付近で起こり、一日中太陽が昇らない状態が続く。北極付近は冬至前後、南極付近は夏至前後に見られる。極点に近いほど長く続く。

夜明け　よあけ

夜が明けること。明け方。日の出る前からの、空が明るくなり始める頃のこと。また、「新しく物事が始まること」の意味としても使われる。

黎明　れいめい

夜明け、明け方のこと。これも、物事が始まろうとすることの意味にも使われる。

「雪消月」「月不見月」「燕去月」「初空月」
この国の月の異名の多くは
空を見上げないと浮かばない言葉だと思う。
空を見て、天気を予測し、作物を心配して備える
とてもシンプルで大切な生き方だ。

そらの一年

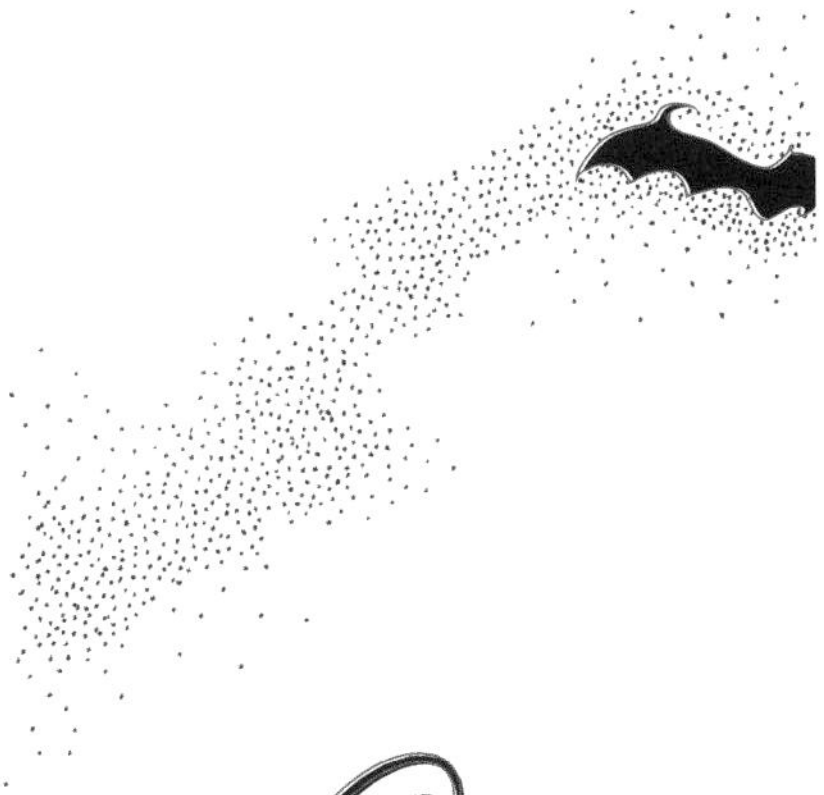

蕾は
ほどけるように
綻んで
怪しく　誇らしく
咲いている

もう
幾度も過ごす
この季を
惜しむように
咲いている

花曇り　はなぐもり

桜の咲く頃、すりガラスの向こうに太陽があるような薄くぼんやりと曇った天気のこと。春先の会話で言葉にする美しい呼び名。冬鳥が北の繁殖地に帰る頃なので「鳥曇り」ともいう。春の季語。

養花天　ようかてん

春、花の咲く頃、どんよりと暖かい曇りの日があったり、急に冷え込んだりする天気のことをいう中国の言葉。この天気が花を育てるのだという。「花曇り」の異名。春の季語。

春暁　しゅんぎょう

春の明け方。暁から曙にかけてのうつろう時間帯のこと。唐の詩人・孟浩然《もうこうねん》が詠んだ『春暁』の五言絶句『春眠不覚暁』は「春の眠りは心地よく深いため、夜明けに気がつかない」と絶妙な表現が多くの人に知られるようになった。

春陰　しゅんいん

春の曇りがちな空のこと。春は少し憂いた空が多い。春の季語。

風光る　かぜひかる

暖かな日差しを感じはじめる頃、吹く風もキラキラと輝くように思うこと。春の季語。

春雲*　はるぐも・しゅんうん

春の雲。春の空にかかるふわりとした柔らかそうな雲のこと。また晴れた空に薄く刷いたような雲のこともいう。茶の異称。

油雲　あぶらくも・ゆううん

沸き起こる雲の様子、雨雲を指す。「油然《ゆうぜん》」とは雲または思いなどが盛んに沸き起こることをいう。

春雲*
正岡子規が「春雲は絮《わた》の如く、夏雲は岩の如く、秋雲は砂の如く、冬雲は鉛の如く」と記した。

花散らし　はなちらし

桜の頃に花を散らせてしまう無粋な風や雨のこと。春の季語で、美しい日本語の一つ。

油風　あぶらかぜ

晩春の晴れの日に吹く穏やかな南風。油を流すように静かに吹く風のこと。油まじ、油まぜともいう。

風

春の空

恵風《けいふう》

万物に恵みをもたらす風。春の風のこと。また旧暦二月の異名。

陽風《ようふう》

明るいイメージで春に吹く東風、また南風のこと。

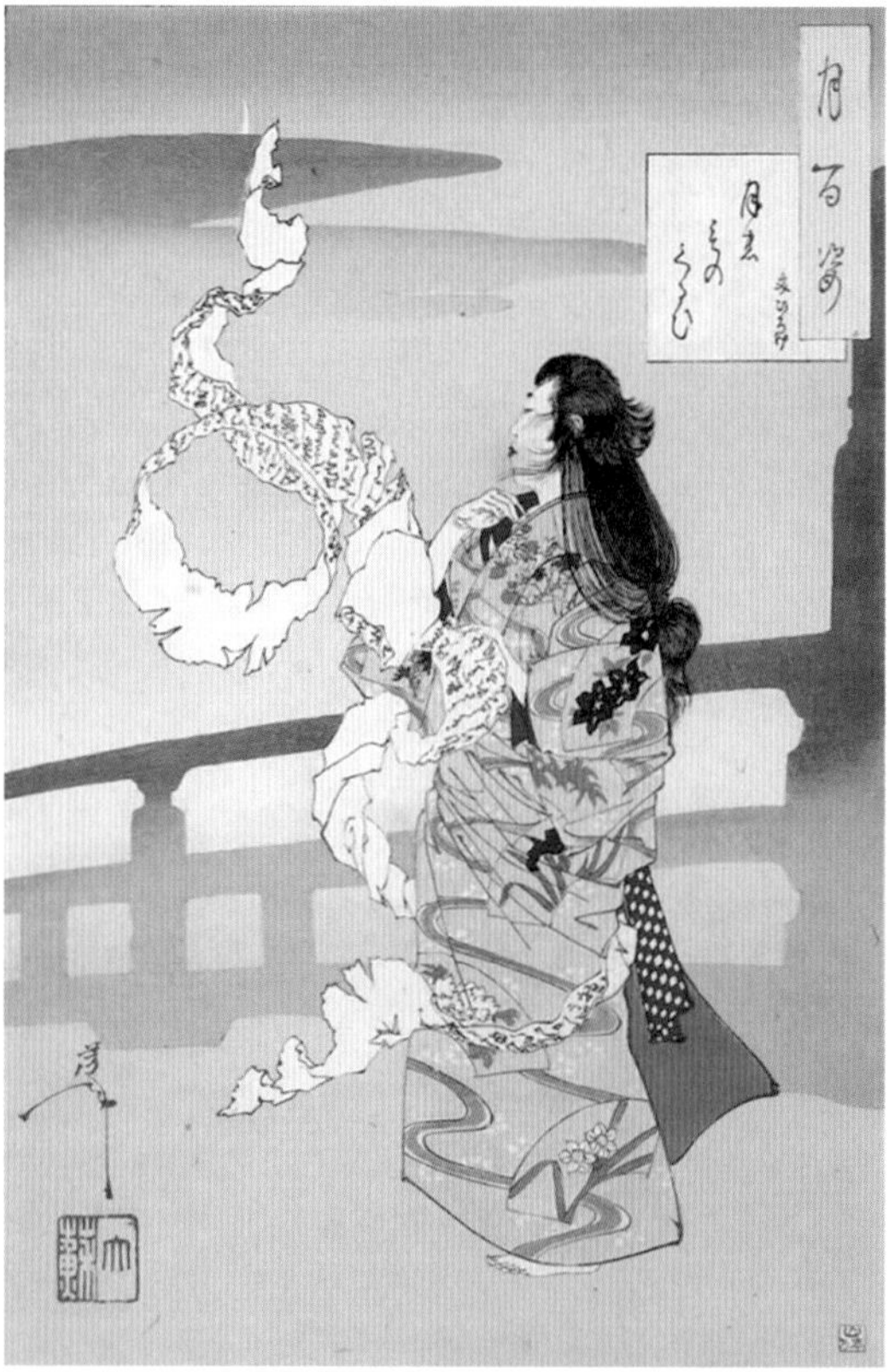

月岡芳年「月百姿 月のものくるひ 文ひろけ」

漁師たちの言葉*

「春一番」という言葉は、漁師たちの間で生まれた。江戸末期、現在の長崎県沖で、漁船七艘が強い風にあおられ、漁師53人が犠牲になる転覆事故があった。以来、漁師らはこの強い南風を「春一」「春一番」と呼び、警戒するようになった。長崎県壱岐島には「春一番の塔」があり、現在も海難者の供養を行っている。

春一番　はるいちばん

立春を過ぎた頃、最初に吹く暖かい南風のこと。この風が吹くと暖かくなり春がやってくる。強風や、突風が吹くため、特に、海上では危険な風とされている。「春一番」という言葉は、漁師*たちの間で生まれた。春の季語。

春二番　はるにばん

春一番から少しすると、この風がやってくる。花の開花を促すため、「花起こし」の風ともいわれる。穏やかに聞こえるが、やはり強い南風のこと。春の季語。

春三番　はるさんばん

束の間の「春二番」の次に吹く風。この頃になると「花散らしの風」と呼ばれ、満開に咲いた春の花たちも大きく揺れて、花びらが散り始める。春の季語。

木の芽風　このめかぜ

春の始まりに、草木の芽吹きを呼び起こす雨のことを木の芽雨といい、この頃吹く風のこと。そして穏やかな晴れの日を「木《こ》の芽《め》晴《ば》れ」という。柔らかで静かな雨から、風、太陽の光と徐々に芽吹きを促していく。春の季語。

*菅原道真の句

東風《こち》吹かば
にほひをこせよ
梅の花
主《あるじ》なしとて
春を忘るな

学者の家系に生まれ育ち、幼い頃から学問や芸術の才を発揮、右大臣にまで出世したが、謀反の罪を着せられ大宰府に左遷。現地で没後、怨霊と化し、天満天神、学問の神様として祀られる。

椿東風　つばきごち

寒さが残る春のはじめ、椿の咲く頃に吹く東からの風。

梅東風　うめごち

春先に東から吹く風のこと。ちょうど梅の花が咲く頃に吹くことからついた名。菅原道真が太宰府に左遷される前に詠んだ有名な句*がある。自分がいなくなっても、忘れず、春になったらこの香りを風に乗せて届けてくれと残した梅。主人を慕い太宰府まで飛んでいき、根を下ろしたといわれる「飛梅」。この物語は今も、和菓子の銘として目にすることが多い。

桜まじ　さくらまじ

桜が咲く頃、南から吹く暖かい風のこと。「まじ」は偏南風、南寄りの風の意。

落梅風　らくばいふう

梅の花を散らす春の風、旧暦五月、梅の実が落ちる頃に吹く風のことをいう。「落梅」は梅の花が散ることや梅の実が落ちること。

夕東風　ゆうごち

春先の夕方、東の方向から吹くまだ冷たさの残る風のこと。春の季語。

東風

こち・ひがしかぜ・あいのかぜ・あゆのかぜ

春のはじめに東から吹く風のこと。「東風《あいのかぜ》に乗って祭りの日には神様がやってくる」といわれ、その風が吹くと豊漁をもたらすため、おめでたい風、といわれている。

春疾風

はるはやて

砂埃を巻き上げるくらいに吹く春の突風のこと。日本海に強い南風が吹き、冬の気圧配置が乱れると、天気が不安定になる。雷や、大粒の雨、雹や竜巻がくることもあるが、冬が負ける時期が来たのだなと想像している。名前も強そうだ。

谷風

こくふう

春先に東から吹く風。たくさんの生き物を生長させることから「穀風」とも通じて呼ばれる。登山用語では「たにかぜ」といい、昼に山腹が暖められ軽くなった空気が、谷底から山頂に向けて吹き上がる風のことをいう。夜に吹くこの逆さの風を「山風《やまかぜ》」と呼ぶ。

春嵐

しゅんらん・はるあらし

早春に吹く南からの強い風。この暖気に覆われた後には「寒の戻り」といわれる寒気がやってくる。これを繰り返して、ようやく春になっていく。春の山気*のこともいう。

---

*春の山気《さんき》

山気とは、山中の冷たい空気がたちこめた、霧や山酔い、もや、のことで、嵐という字にその意味がある。

春の空

春霞 はるがすみ

春は植物が活気づき、微細な水滴が空気中に舞うため、風の弱い日、気温差のある日など、薄曇がかかったように景色が白っぽく見えること。春の季語。

八重霞 やえがすみ

幾重にも重なって立ち込める春の霞のこと。春の花々で霞に色がついたように見えることを見立てている。「八重霧」と同意。春の和菓子にこの名が付くと「重なり」や「三色くらいの可愛らしい色」が見立てられる。

薄霞 うすがすみ

薄く、ぼんやりと霞がかかること。ぬるむ春の白っぽい空気感が漂う言葉。春の季語。

草霞む くさかすむ

草原が霞んで見える様子。春に若芽の先あたりが霞んで見えるのは春草の露が蒸発して水蒸気となり霞ませているという。春の季語。

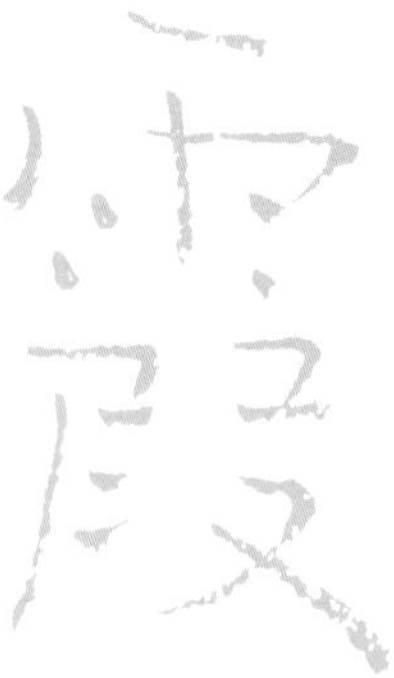

霞《かすみ》と朧《おぼろ》

霞は、気象学的に明確な定義はなく、霧や靄《もや》などがかかり、ぼんやりと見える様子のこと。また、黄砂や煙霧の場合も含まれる。「霞」は昼間、夜は「朧」とよび方が変わる。

霞《かすみ》は衣

霞は、衣にたとえて歌に詠まれることが多く、衣に見立てた……とだけの解説が多いが、この部分の違いには、薄い衣の透明感だけではなく、霞のたなびく高さや、広がり方の意味が細やかに含まれているのではないかと思う。

霞の衣　かすみのころも

霞がたなびく様子を、薄い衣に見立てた呼び名。また「かすみ」を「墨」に掛け、墨染めの衣(喪服)のこともいう。

霞の裾　かすみのすそ

霞がたなびく下の方を、衣の裾にたとえた呼び名。有名な『富士山』の歌の歌詞にある「かすみのすそを　遠くひく」とは、富士山(『ふじの山』)の下の方は、衣の裾のように遠くまで広がり薄く消えていく、とたとえている。

霞の袖　かすみのそで

霞を衣の袖に見立てた言葉。この衣は仙人の着るものともいわれ、薄く透けた様子が想像できる。霞は、霧と同じ様子をいうが、古くは春と秋の区別はなく、後に「春にたなびくのは霞、秋に立つのは霧」といわれるようになった。

霞の褄　かすみのつま

霞を衣にたとえた言葉とあるが、「褄」とは、着物の身頃の衽《おくみ》の下の端のことをいう。また、その端を「褄先」。「辻褄が合う」など言葉の語源となっている。

そういえば空

そういえば……。
空って、「空色の天井」がある気がしてならない。
生きていく中、どんなときでも同じ数だけ空は広がっていて
辛いときに見上げた空は、いつも優しかった。
気合を入れるときは励ますように、激しく雨が降ってくれたのだ……
と〝雨女〟は思うことにしている。
夜の空は、怖いけれど魅力的でよく見上げていた。
暗闇の夜空にもたくさんの表情があり、月の夜、雪の夜、そして
星の遠近感まで感じる夜は「落ちていきそう」と思ってしまい、
気がつく。星との間は、何もないのだと。
そして今更考える。いつも見ている空には「雲」があった。
……そう。空って「空《くう》」なんだ。

「空気、空間、虚空、色即是空、……」

空のつく言葉は、心の空間から、物事の空間、仏教の教えに至る。

では生きる世界の空間は世間？　などと考えていたら、
テレビから、ニュース番組の締めの言葉が飛び込んできた。

——日本には「世間」、という言葉があります。この「社会」でもない、

「国家」でもない、「世代」でもない、「世の中の〝間〟」という言葉は、
人々の気持ちで成り立っているものなのだと思います。
この「世間」という言葉の持つ意味を、私も改めて
考え行動したいと思います――と。

このあたりから似ているように思っていた「空」と「間《ま》」が、違うことに気づく。
「間」は、何かの制限があって初めて生まれる空間で、
私の思う「間」は、美しくあるための緊張感を持っている。

こうやって、自分で遠回りしないとうっかりするあの「空色の天井」は
いつも人の心を動かし、癒し、想像させてくれる。
ある国から初めて日本にきた留学生が、最初に撮った写真は、
「青い空」だったと聞いたことがある。
その国の空は灰色で、日本のような「青い空」は
見たことのない色だといったそうだ。

何かを思って空を見上げるとき、
人は、心の奥で「無」の状態を求めているのかもしれない。
測ることのできない心のどこかで、果てのない空に夢を見ているのだ。

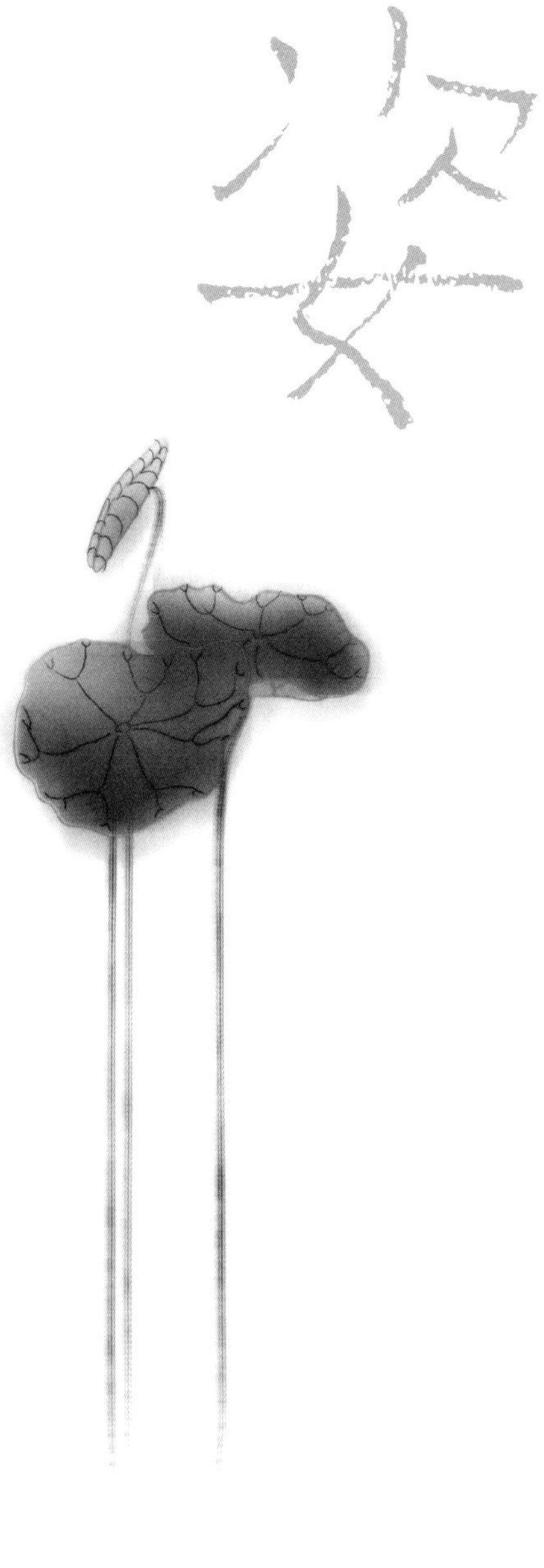

夏の空

五月闇

さつきやみ

五月雨の季節、梅雨の頃に月は見えず暗い夜が続くが、この暗い夜の闇のことをいう。また昼間、厚い雨雲のせいで暗い日もこの言葉が使われる。夏の季語。「夏闇《なつやみ》」「暗夜《あんや》」「夜陰《やいん》」と同意。

積乱雲の中

海軍の水上偵察機で積乱雲の中に突入した機長のことが書いていた。『雲の中は湧き立つ熱湯のような、ものすごい上昇気流と滝のような下降気流があり、小さい機体は、大きい滝つぼに舞い落ちた一枚の木の葉のように、雲の中の乱気流にもみくちゃにされた。』このパイロットは急死に一生を得たという。

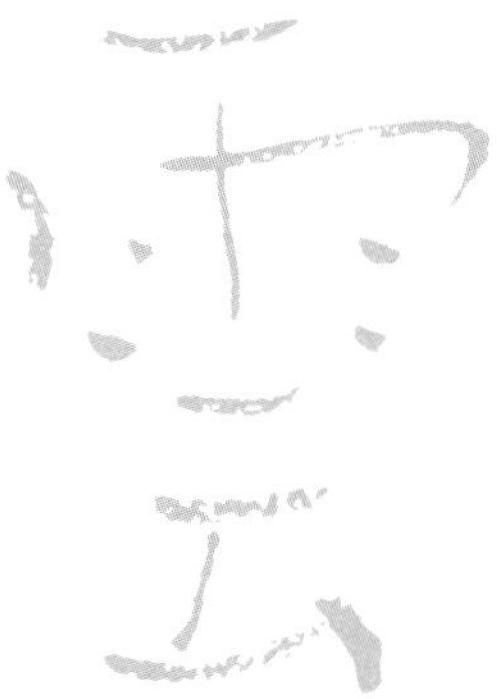

夏雲

なつぐも

夏の空を仰ぐと、よく見ることのできる雲の総称。「入道雲」「夕立雲」「雷雲」などもくもくした印象が強い。夏の季語。

火雲

かうん

夏の朝、旱《ひでり》の前触れとして見られる夏の雲。また、日没の頃、美しく紅色に染まった巴の形をした雲で、天候が定まり、晴天の続くしるしといわれる。「日照り雲」ともいう。

五月雲

さつきぐも

旧暦の五月、梅雨の時期の暗い空を覆う雲。また、梅雨の空全体のことをいう。「五月晴れ」は梅雨の時期の嬉しい晴れ間のことなので、イメージとは随分違う。

かなとこ雲

かなとこぐも

頂上部分が広がって平らになっている積乱雲のこと。形状が金属加工などに使われる金床に似ていることからこう呼ばれている。

雲峰《うんぽう》

夏空に雲が立ち込め、峰のように見えること。また、雲の中に突き出した山の峰そのもの。

入道雲《にゅうどうぐも》

夏雲、積乱雲の一つ。見た目が入道（力持ちのお坊さん）に似ていることからこの呼び名になったといわれる。空を見上げて入道雲が出ていると、なぜか「おおっ」といってしまう。この雲が出て、しばらくすると狭い範囲で激しい雨が降る。夏の季語だが、日本海側では冬にもこの入道雲、積乱雲が発生し雷雨や大雪になるという。

座り雲《すわりぐも》

平らな扁平雲と呼ばれる雲のことで、雲の下の方が平らで上に向かってもくもくと成長する前の状態。夏の雲に見られ、どっしりと座っているように見える。

勝川春英「肥前の国 市坊主（大入道）」

呼び名が変わる入道雲

入道雲の名前は、「大入道」という妖怪に、雲の形がそっくりだったことからそう呼ばれるようになったが、地方によっては面白い名がいくつもある。地名や、川の名前が多く、見た目の力強さや、大きさからもきている。

「坂東太郎」　関東地方、利根川の上流から川に沿って下りてくることが多いため。

「丹波太郎」　京都から見て北西の丹波方面に現れる。「山城次郎」は南東から山城地域を通り、「比叡三郎」は北東の比叡山に「和泉三郎」は南西の大阪からやってくる。

「信濃太郎」　滋賀県や福井県の東部

「石見太郎」　山陰地方の一部

「四国三郎」　四国

「上総入道」　常州や下総などで、南の方角にみえる。

「比古太郎」　九州地方の一部で「筑紫二郎」なども呼ばれている。

「仁王雲」「たこ入道」「喇叭《ラッパ》雲」の形やイメージからくるものもある。

風薫る《かぜかおる》

初夏の爽やかな風が吹くさま。新緑や水の上を渡る風が、匂うように泰らかに感じられることをいう。夏の季語。

薫風《くんぷう》

夏のはじめに新緑の香りをまとい、爽やかに吹く風。

涼風《すずかぜ》

夏の終わりから秋の初めにかけて吹く、涼しい風。夏の終わりを感じる爽やかな風のことだが、何より言葉が涼しい。夏の季語。

あいの風《あいのかぜ》

夏の初めごろ日本海沿岸に吹くやわらかな風で、沖から吹く東寄りの風のこと。「あゆの風」と同意。夏に近くなる頃、日本海沿岸から吹く風を「あゆ」という。魚の鮎ではなく「あいの風」と同じ意味で主に北陸で使われている。

凱風*《がいふう》

初夏に吹く南風のこと。「凱」は、穏やか、やわらかな、という意味を持つ。初夏のそよ風、ともいわれる。

*凱風と凱旋門

パリの「凱旋門」は有名だが、軍事的勝利を祝った門。同じ漢字でも連想しづらいが、「凱」の「豈」には、もともと「賑やかな音や音楽」という意味があった。「凱」はそれを受け継ぎ、にぎやかな様子・楽しむ・なごやか、などの意味を持つことから「凱風」につながる。「凱旋門」の「旋」は帰るという意味で、戦争に勝ち、なごやかに、または、勝利の歌を歌いながら帰ってくる門、となり共通のイメージができる。

木の芽流し　きのめながし

木の芽ぶく時期に吹く、湿った南風のこと。また、若い木の芽を洗うように、促すように降る長雨のことをいう。夏の季語。

青東風　あおごち・あおこち

夏の初めの頃、青葉の間を抜けて東から吹いてくる清々しい風のこと。また、夏の土用の青空に吹き抜ける東からの風。「土用東風」ともいう。夏の季語。

黄雀風　こうじゃくふう

梅雨の時期、南東から吹く湿度が高く蒸し暑い風のこと。陰暦五月に吹く風。黄雀は中国ではスズメのこと。

夏嵐　なつあらし

夏、木々が揺れるほど吹き荒れる強い風のこと。雷雨や台風が近づいてきたときの強風。さらに強い風を「夏疾風《なつはやて》」という。夏の季語。

風死す　かぜしす

暑い日、風が、ばったりと止むことをいう。いかにも暑い言葉だ。「風が凪ぐ」も同意語だが、同じ現象でも息苦しさがこちらは少し和らぐ気がする。言葉は重要。

夏霧

なつぎり

霧は、秋の季語になるが、夏の山地や、海辺、高原などに行くと霧がかかって幻想的な風景に出合うことがある。朝方の高原で霧がかかる姿は涼しげで美しい。夏の季語。

長冠

おさこうぶり

長い間使われた巻纓冠《けんえいのかんむり》の付喪神。手に笏《しゃく》を持ち、光か霧のようなものに乗り屋敷から、浮遊する姿が描かれている。任官辞官の証としての保身のため冠を手放さない者の冠が妖怪になったとの説がある。

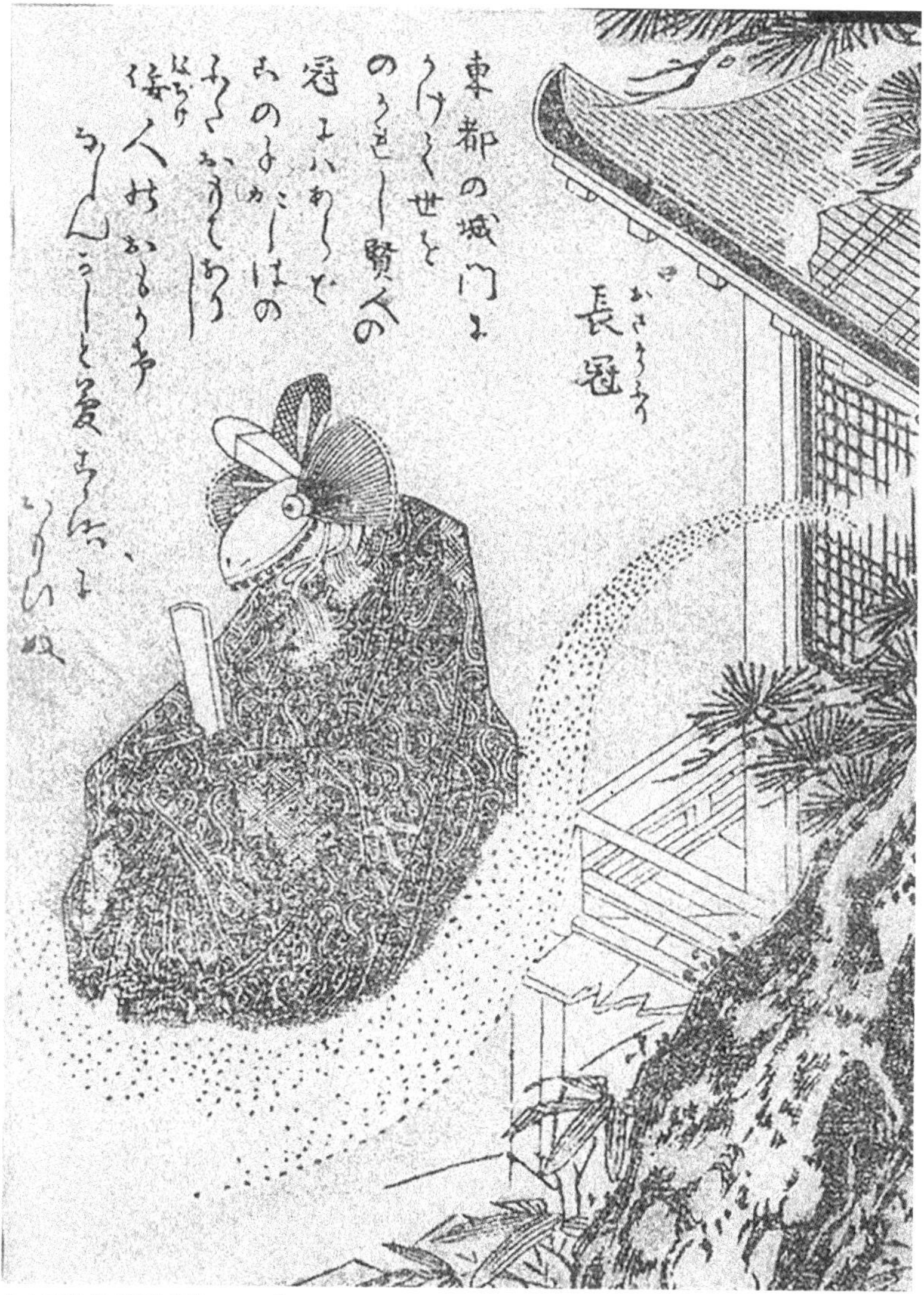

鳥山石燕『百器徒然袋』より「長冠」

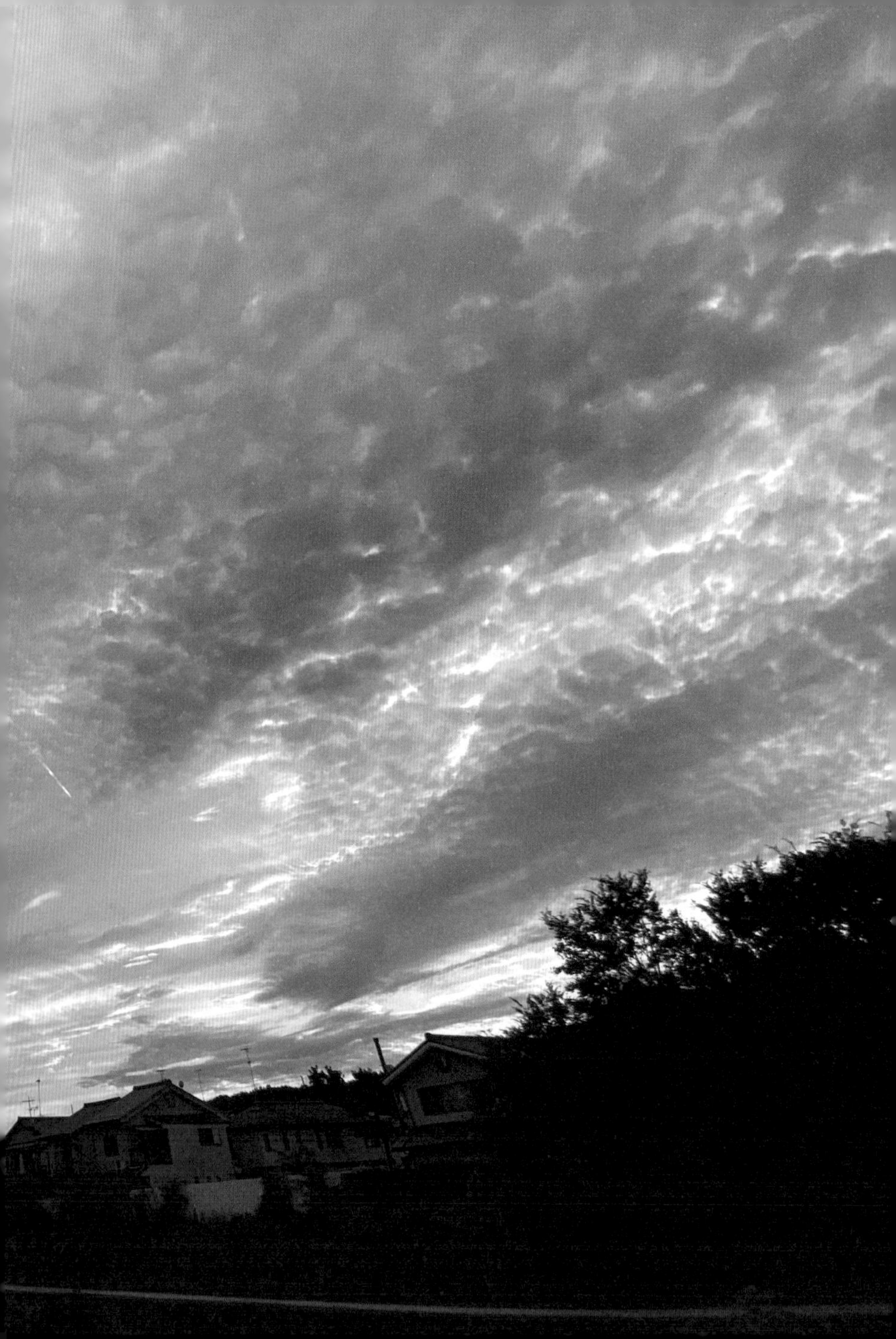

気になって
ふりかえります

けむりの匂いが、して
おもいだせない匂いが、して

そして
空を見上げます
そして
遠くを見つめます

永く……

長く 足もとで
それの憶いも その影も
闇に とけてしまうまで

秋の空

秋曇り　あきぐもり

秋といえば、高い空が思い浮かぶが、変わりやすい秋の空は、晴れと曇りをくり返す。そんな秋の、どんよりと曇った重い空のこと。秋の季語。

秋陰り　あきかげり

秋の暗い空。曇り空のことだが読み方が違うと「翳《かげ》る」という漢字が浮かぶ。秋の空気そのものの寂しい気配と表情も含んでいるようだ。

秋陰　しゅういん

春の「春陽」に対して秋の「秋陰」。曇りの続く秋の空をこう呼ぶ。実は六月頃より雨の量が多く長雨となるため、秋の雨の言葉もたくさんある。最近「すすき梅雨」*という美しい言葉を見つけた。秋の季語。

*すすき梅雨
夏の終わりから秋にかけては、各地ですすきが見られるようになるが、この時期に降る長雨のこと。秋雨前線の影響で降る雨のことで「秋雨《あきさめ》」や「秋霖《しゅうりん》」と同意。

言の葉と金木犀

闇の向こうから、甘い香りがする。
少し歩くと、街灯のおかげ？　で蛍光色に浮かぶ金木犀の木を見つけた。
星のような橙色の花を溢れんばかりにつけ、あり余るほどの香りが
自分を取り囲む。この季節が好きな理由のひとつに入るほど好きな木だ。
「よかったら、ひと枝いかがですか？」
振り向くと、初老の男性が立っていた。その家のご主人だった。
物語りみたいだ……。よほどの時間、家の前をウロウロしていたであろう私に
さらりと、美しい言葉をかけてくださったのだ。
そんなご主人が高校生のとき、お父様が植えてくださったものだという。
「今はもう弱ってきたけどね、私が大学で教えていた頃は、
生徒を送り出す時期が、この香りと共にあったように思うんです」
そう話すと、ご主人はハサミを取りに家の中へと入られた。
言葉を交わす、言葉をかける、「言葉」だけでもう私の気持ちは柔らかだ。
良い夜！（単純）　ただ、ただそう思った。
気づいたら闇はなくなり、金木犀越しの、月と群青色の空が美しかった。

風

秋の空

秋風《あきかぜ・しゅうふう》

秋になり、吹く風のこと。初秋は夏の気配を伴い、中秋、晩秋は冬の訪れを告げる冷たい風へと変わっていく。秋の季語。

風渡る《かぜわたる》

夏が終わり、秋を感じさせる寂しくも穏やかな風で、草木をそよがせながら、ゆっくり移動していく風のこと。

風立つ《かぜたつ》

秋の初めに涼しい風が吹き始める様子。風が起きることをいうが、尖った冷たい風が浮かぶ。「風立ちぬ」は風が吹いてしまったという意味。秋の季語。

秋の風《あきのかぜ》

秋になって吹く冷たい風のこと。また、同じ読みの「飽き」をかけて、物事に飽きること、心変わりすることなど心情的な言葉遊びにもなっている。秋の季語。

蕭瑟《しょうしつ》

秋風がもの寂しく吹くこと。「蕭」は、風や落ち葉などの寂しい音のこと。「瑟」は、中国の大型の琴のことだが、とても寂しげな音を出す。

高風《こうふう》

空高く吹く秋の風。一般的には、気高い、優れた人格、立派な人格や人柄のことをいう。

荻の風　おぎのかぜ

荻の葉を揺らす秋風のこと。また、「荻」は「招《を》ぎ」という語と掛けられ、神や霊魂を招く「招《を》ぐ」植物とされた。荻の風がたてる音を「荻の声」という。神の声を聞くことになるのだ。秋の季語。

萩の風　はぎのかぜ

萩の花が咲く茂みの下を通る風。この風が吹き抜ける様子。余談になるが「荻」と「萩」の字は似ていて、小さな文字になると特に読み間違えることが多い。ススキにそっくりでクールなオギと、はんなりとした花が咲き、丸い小さな葉が茂るハギは、全く違う植物。

上風　うわかぜ

草や木などの上を吹き渡る風のこと。「荻の上風」と俳句などで詠まれることが多い。逆の意味で植物などの下を吹き抜ける風を「下風」という。

爽籟　そうらい

秋の風音や響きを、笛の音に例えた言葉。「爽《しょう》」は爽やか、「籟」は、風が物に当たって発する音、また三つの穴がある笛のことをいうが、さらりと使ってみたい言葉だ。

秋の初風　あきのはつかぜ

秋に入り、空が透き通ってきたように思う頃、初めて吹くひんやりとしたそよ風。秋が来たことを告げる風。秋の季語。

初嵐　はつあらし

立秋を過ぎて初めて吹く台風なみの強い風のこと。旧暦七月の末頃から吹くが、ひと月くらい経つと夜中から吹くようになり、秋が来たことを実感する。秋椿の一種にこの名がついている。白い一重咲きであまり大きく開かず、江戸期からある品の良い古典品種。別名「初嵐嵯峨」という。

秋の嵐　あきのあらし

秋の前線の通過に伴ってやってくる暴風。台風ほどではないが暴風雨にもなる。「春の嵐」に対して秋の烈風。「秋の大風」と同意。秋の季語。

秋嵐　しゅうらん

秋の嵐と書くので強い風が吹くイメージだが、この「嵐」は山の気「嵐気」のことで、湿度が多い、秋の山を覆う「靄《もや》」のこと。

仲秋の名月と中秋の名月

「仲秋」とは、初秋（旧暦七月）、仲秋（旧暦八月）、晩秋（旧暦九月）と秋を三つに区分した場合の、旧暦八月全体のこと。「中秋」は、秋の中日（陰暦八月十五日のみ）を指すため、旧暦八月の十五夜の名月を指すことで同じ意味となる。

秋台風　あきたいふう

秋に発生する台風で、夏の台風とは違い、大雨が伴うことが多い。動きが速いため風も強く、大きな災害のあった記録は、この秋台風によることが多い。

芋嵐　いもあらし

この芋は里芋のことを指す。低く茂った盾のような形の里芋の葉を翻《ひるがえ》らせるほど強い風が吹き、白っぽい葉の裏を見せてざわざわと波打つ様子を表す言葉。秋の季語。

黍嵐　きびあらし

収穫時期、頭を垂れた黍の穂を倒しそうなくらいに吹く晩秋の強い風。黍がざわざわと音を立てるのでさらに風を激しく感じるのかもしれない。秋の季語。

秋霧

あきぎり

秋の長雨の頃に立つ霧のこと。「霖雨《りんう》に立つ霧」というと映画のタイトルやシーンが浮かびそうだ。

秋霞

あきがすみ

霞は春が多いが、秋も湿度は負けていない。たくさんの水滴が浮遊しているため、遠くの景色や山に霞みがかかる。秋霞が紅葉と重なると美しい。

姿

冬の空

冬の靄　ふゆのもや

冬の比較的暖かい日に、低く立ち込める煙のような霧。靄は霧より少し見通しが良いもの。霧は流れ、霞は棚引き、靄は立ち込める、という。冬の季語。

霜曇り　しもぐもり

霜が、空から降ると考えられていた頃の言葉。霜が下りそうなほど、寒い朝や夜に曇る空のことをいう。

凍晴れ　いてばれ

冬、快晴の日とはいえ、凍りつくように寒い日のこと。また、寒い景色の中佇む鶴を「凍鶴《いてづる》」、雪浴びをする鳥を「凍鳥《いてどり》」と呼ぶ。

電線ばかりの空が
音符になった
鳥たちのおかげで
かわいい空に変わる

雲

冬の空

冬雲《ふゆぐも》

冬の空には雲が少なく、透き通る青い空。一方、どんよりとした低い曇り空の印象もある。これは、北からの季節風の影響で、日本海側には湿った空気を吹かせて雪や曇りが多く、太平洋側には乾燥した冷たい風を吹かせるため透明な青空となる。冬の日本海の黒い海のイメージはこの風のせいだったのだ。冬の季語。

寒雲《かんうん》

冬、とても寒々とした空に落ちる雲のこと。裏千家の最も古い茶室に「寒雲亭(千宗旦好み)」という名がついている。宗旦狐の伝説のある茶人。冬の季語。

凍雲《いてぐも・とううん》

冬の空に凍りついたように動かない雲のこと。低い位置に広がり、鉛のように暗い。冬の季語。

時雨雲《しぐれぐも》

時雨、降ったり止んだりの、にわか雨を連れてくる雲。特に晩秋から初冬にかけて現れる。冬の季語。

しまき雲《しまきぐも》

「し」は、風のことで「風巻」と書く。粉雪が強風で巻き上げられる様子。いわゆる吹雪をもたらす雲。冬の季語。

木枯らし《こがらし》

乾いた北寄りの冷たく強い風で、木の葉を散らし、木も枯らせてしまうほどなので、この名がついた。漢字は「凩《こがらし》」とも書く。「木枯らし一号」の言葉を天気予報で聞くと、冬が来たことを実感する。

風冴ゆる《かぜさゆる》

冷たく、澄み切った風が冬の空を吹き渡ること。限りなく透明な風のイメージ。冬の季語。

颪《おろし》

冬、日本の太平洋側に吹きつける乾燥した冷たい風が山や丘から下りてくること。「山風」と同意。

北颪《きたおろし》

乾いた北颪が、山から吹き下ろすこと。「比叡颪」「六甲颪」「浅間颪」など、たくさんの山からの名がある。「颪」、納得も含めて、とても好きな漢字の一つだ。冬の季語。

落ち葉風　おちばかぜ

落葉を誘う風のこと。「落葉は風を恨まない」という言葉があるが、強引に落とすのではなく、誘っているのだからどちらも悪くないな、などと考える。冬の季語。

朔風　さくふう

北風のこと。「朔」は、一日《ついたち》やはじめ、を意味することから、方角の一番最初の「北」から吹く風。冬の季語。

出し風　だしかぜ

谷や陸地から吹き出し、沖に向かう冬の強い風のこと。また船を送り出すのに良い風ということから、こう呼ばれる。

空風・乾風　からかぜ

冬に吹き荒れる、乾いた強い風のこと。関東地方に吹く風で、江戸っ子っぽい「からっかぜ」との呼び方もある。

霜風　しもかぜ

霜の上を渡ってくるという冷たい風。また霜が降りそうなくらい冷たい風のこと。

吹雪く　ふぶく

雪を巻き込んで、強風が激しく吹くこと。冬の季語。

玉風　たまかぜ

冬に日本海側から北陸、北西から吹く暴風のこと。束風《たばかぜ》ともいうので、束になっている風の強さも想像できるが「たま」は、魂と捉えて、亡霊が吹かせる風との説もある。

虎落笛　もがりぶえ

冬の季節風が虎落（竹垣や棚）に烈しく吹き付けると笛のような音を立てる。これが虎落笛で、電線や竿なども唸り声を上げることがあり、そんな夜は一層寒さが身にしみる。

陰風　いんぷう

冬の風で北風のことをいうが、妖怪や亡霊が乗って来たり、陰気なものを運ぶ、この世でないところから吹く風ともいわれる。名前自体が物語っている。

毛嵐・気嵐

けあらし

北海道の方言で、冷え込みの厳しい日に海面に発生する湯気のようなものをいう。「けあらし」は、放射冷却により冷え込みが強まった日に、内陸や山地の空気が冷やされ、その冷やされた空気が暖かい海面上に流れ込むと、水蒸気に触れて、霧が発生することで起こる。

寒霞

かんがすみ

風のない冬の朝方や夕方、烟《けぶ》るように見える霞のこと。冬霞ともいう。冬の季語。

けあらし

大きな湖の際にある、料亭のご主人が私に話してくれている。
「佐々木さん、好きでしょ！　この色の景色」
見ると、そこは一面〝灰色〟だった。――確かに好きだ。
本来なら「晴天」のはずなのに灰色なのは、私が〝雨女〟だからか……。
そんな景色の日に、撮影に来たことを心から喜んでくれている。
いやおもしろがっている？
目の前に広がる景色は、空と湖の境目が曖昧で、
水の気配のする灰色に、水面から白い湯気のようなものが、
途切れることなくモヤモヤと出ていた。
冬はもう間近だと知らせる「気嵐《けあらし》」。その言葉をこのとき知った。
「けあらし、僕も好きなんですよ」と、二人でしばらく眺めていた。
私は「けあらし」という言葉から、頭の中は妄想に入っていて、
そんな名のつく妖魔の「本」を思い出し、そのことばかり考えていた。
モヤモヤの中から、人間の気配を伺っているような視線すら感じて、
ひたすら湖面を探っていた。
静寂の中で「気嵐」は美しく、妖しく――。
おかげでその日はとても幻想的な写真が撮れた。

雪

雪片《せっぺん》

ひとひらの雪のこと。また、複数の雪の結晶が付着し、ある程度の大きさになったもの。

早雪《そうせつ》

普通の時季よりも早く降った雪のこと。

にわか雪《にわかゆき》

急に降ったかと思うと、すぐに止んでしまう雪のこと。

水雪《みずゆき》

水分をかなり多く含む雪。雨とベタ雪の間くらいのため霙《みぞれ》ともいう。

斑雪《はだれゆき》

文字通り、まだらに降ったり、まだらに消え残る雪のこと。

灰雪《はいゆき》

灰のようにちらちらと舞いながら降る細かめの雪。少し厚みがあるため、陽が当たると灰色の陰影ができる。

筒雪《つつゆき》

電線のように細いものに雪が付着し、筒状に積もった雪のこと。多くの場合、電線着雪となる。重さで電線が切れるなど雪害となることもある。

初冠雪　はつかんせつ

夏を過ぎてから、はじめて山岳地帯に雪が積もること。日本では、「初冠雪を迎える」という。積雪しない場合この言葉は使われない。

冠雪　かんせつ

冠のごとく、山や物の上に被さるように降り積もった雪のこと。またその様子。

雪渓　せっけい

標高の高い山の谷や、斜面に降り積もった雪が夏でも局地的に残っていること。また、雪に覆われた渓谷のこともいう。

衾雪　ふすまゆき

雪が、厚く一面を包むように降り積もった雪。その様子が衾(平安時代などに用いられた古典的な寝具)のように見える積もり方のためついた名前。

吹雪　ふぶき

強風で吹き散らされながら降る雪の様子。積もった雪が強風で乱れて飛んでくること。

松の雪　まつのゆき

松の枝や葉に降り積もった雪のこと。また、日本の色文化である襲《かさね》の色目の名前にもなっている。

餅雪《もちゆき》

水分の多い、白くフワフワした雪のこと。雪だるまが作りやすい雪。「綿雪」ともいう。

新雪《しんせつ》

新しく降って間もない雪のこと。まだ降雪の結晶のかたちが残っているもので、もろく、やわらかい。

瑞雪《ずいせつ》

めでたい予兆とされる雪。また、降って欲しいときに降る雪のこともいう。

雪暗れ《ゆきぐれ》

雪の降るまま日が暮れること。また、雪で空が暗くなること。この雪暗れの時間に空を見上げるのが好きだった。鈍色の空からものすごい距離感で、雪が落ちてくるのを飽きずに見ていたのを思い出す。冬の季語。

終雪《しゅうせつ》

春を迎え、その冬最後に降る雪のこと。初雪とは違い一般にあまり発表されない雪。ちょっと寂しい。

小村雪岱「註文帳」(『愛染集』表見返し)より

水際《ミギワ》より

水鳥と寒さが
湖面に居着きました……

繰り返す日の
見過ごしそうな瞬間《トキ》のなか
寒い日の　凍るような星空と
湖に　振り入る雪が素敵です
あたたかさを　忘れそうなこの頃に
大崎の　観音様の朱の色が
春を憶えていてくれる
そんな気がします

空のきまぐれ

ソーダ水の中を泳いでみたい、そうつぶやいた友が浮かぶ
彼女の想像力に、いままで出逢った人々に、
刺激された瞬間は、同じ景色に出逢うことのない空のカタチと似ている
生き方が変わるほど心が動かされるのに、もう戻れない——。

雲

いきもの

鰯雲《いわしぐも》

秋に多く見られる高い空に、白く細かい雲の塊が一面に広がる。空に向かって深呼吸したい雲。この雲が出るとイワシがよく獲れ、大漁になる兆しだという。この雲の群れを鱗に見立てたのがうろこ雲。秋の季語。

鯖雲《さばぐも》

鰯雲と同じ、高い空にできる。「イワシ」は細かな雲が不規則に並ぶ姿が多いが、「サバ」は、波状に横長で、階段のように並ぶ。鯖の背中の模様に似ていることからこの名がついた。この雲が現れると、天気は下り坂。秋の季語。

くらげ雲《くらげぐも》

クラゲのような形をした雲。富士山で有名な「笠雲」に似ているが、「くらげ雲」は、海や草原に突如現れるのが特徴。下の空気が乱れているときにできるのですぐに形が変わってしまう。

羊雲《ひつじぐも》

秋によく見られる高い空に、白く小さな雲の塊が集まり、羊の群れのように並んで見える雲。「うろこ雲」との違いはできる場所が低いため、一つの塊が大きく、雲の下部に影ができることが多い。

「秋の雲」の違い

うろこ雲・鯖雲・鰯雲・羊雲、秋の空は高くて気持ちが良いが、これらの雲が出たときには近々天気が崩れる。この、似たような雲たちの見分け方に興味が沸いたが「見た目」だそうだ。雲片の大きさは、「イワシの群れ」が一番小さく、次に「魚のウロコ」そして「羊の群れ」となる。これらの形は比較的丸い。その中で、「サバの背中」だけは、雲は同じようにたくさん並んでいるが「雲片が横長気味」。これらの比較で想像してみようと思う。

雲雀　ひばり・うんじゃく

ひばりのこと。晴れた日に囀《さえず》るので和名「日晴《ひばり》」からきている。春、高い空にひばりの声はするが姿が見えない。雲の中にいるのかもしれない。と思ったからなのか、この名がついている。繁殖期には囀りながら高く上がっていく姿から、「天雀《てんじゃく》」「揚げ雲雀」とも呼ばれる。

蝶々雲　ちょうちょうぐも

ひらりと浮かぶ「ちぎれ雲」のこと。蝶に似た形をしていることが多く、ふわっと浮かんでいる印象の雲のこと。この雲が出た時も雨の前兆。

雲の花　くものはな

エケベリアという、肉厚の葉っぱだけでできたような花のこと。写真を見ると、きっと身近な場所で見かけたことのある方は多いはず。その姿を見立ててついた名前だが「なるほど」と思う。

蜂の巣状雲　はちのすじょううん

薄い雲が広がり、波のような規則で穴が空いている状態。穴に縁取りがあるため蜂の巣に見えることからこの名がついた。雲が消える前の状態で、形の変化が激しく、見逃すことが多いが、次第に天気は良くなってくる。

「名所江戸百景 深川洲崎十万坪」歌川広重 東京国立博物館蔵 より

鳥曇り《とりぐもり》

春に、日本で越冬した渡り鳥が、北に帰る頃の曇り空のこと。春の季語。

鳥雲《ちょううん》

小鳥たちが空を群がりながら飛ぶ姿が、雲のように見えること。秋の季語。また「鳥雲《とりぐも》に入《い》る」という言葉があるが、春の空に渡り鳥が北へ帰る姿が雲に隠れてゆくことを表わしている。これは春の季語となる。

雲鶴《うんかく》

雲が流れる中に鶴が飛んでいる様子を表した文様のこと。雲中を飛ぶ鶴は優れた人格の持ち主とされ、格調の高い古典文様として宮中の衣装などに使用されていた。

猪子雲《いのこぐも》

猪の子供のような形、少し塊感のあるちぎれ雲のこと。動きが速く黒い雲が出ると、雨となる。京都近辺では「亥の子餅」を食べる日があり、旧暦の亥の月の最初の亥の日に食べると無病息災といわれる。

羊と山羊の違い

羊と山羊、名前は似ているが生物分類学上で違う生き物とされる。見た目の大きな違いは、「尾の長さ」、実は野生の羊は結構長く、山羊は短い。「角」、羊は螺旋状に渦を巻き、山羊は後ろに湾曲しながら伸びているだけ。「あごひげ」、羊には無いが、山羊にはある。共通点は「ヒヅメ」が二つに分かれていること。

鳥風　とりかぜ

冬に日本へ渡ってきた渡鳥たちが、北へ帰る春ごろに吹く風のこと。春の季語。

鳥風　ちょうふう

読み方が変わると秋の季語。何万という鳥が越冬のため大群で南下する時の羽音が風のように聞こえることから、その様子をいう。風の現象ではなく、羽音のたとえとなる。

羊角　ようかく

旋風、つむじ風のこと。ぐるりと渦を巻くように吹くことから羊の角にたとえられた。「山羊《さんよう》角《かく》」山羊の角になると漢方薬の名の一つとなる。

風吹烏　かざふきがらす

強めの風に煽られ、よろめきながら飛んでいるカラスの姿を人の様子にたとえた言葉。あてもなくうろついている人や当てにならない人、冷やかし客のこと。

雁渡し　かりわたし

雁の渡ってくる、初秋から仲秋にかけて吹く北風のこと。青北風ともいう。秋の季語。

羽風《はかぜ》

鳥や虫が飛ぶことで起きる風のこと。気象学者のエドワード・ローレンツ*氏が、ブラジルにいる蝶のほんのわずかな羽風が、積もり積もって遠く離れたテキサスに竜巻を起こす原因になるのかという問題提起をしたことから「バタフライ効果」と呼ばれるようになり、日本では「ほんの小さな出来事が、後に予想もつかない結果を招くこともある」というたとえとしても使われるようになった。

鯉魚風《りぎょふう》

秋風のことをいう。中国から来た言葉がそのまま俳句に使われ季語になっているが、秋の風は「金風」といわれるほどありがたく、気持ちの良い風のため、中国にとっての特別な魚である「鯉」がついたと思われる。滝を登って龍になる伝説や、皇帝の名前「李」と同じ発音の時代は、数百年鯉を食することは禁止、孔子の子「孔鯉」にも鯉がついている。

風見草《かざみぐさ》

柳の異称。ゆらゆらするため、風向きや風の強さを知るための植物としてこのように呼ばれた。また、梅の異名でもある。

---

*エドワード・ローレンツ

気象学者。一九六〇年に、初歩的なコンピュータシミュレーションによる気象モデルを観察中、気象パターンは初期値のごく僅かな違いにより大きく発散することを発見。彼は検証のための手間を省き、小数のある桁以降の入力を省くと、大きく異なる結果が出た。この繊細な初期状態依存性が「バタフライ効果」となった。このエピソードから、コンピューターによる気象の正確な長期予報が不可能であることが明らかになった。

鳥山石燕『画図百鬼夜行』より「窮奇」

鎌鼬《かまいたち》

日本に伝えられる妖怪。つむじ風に乗って現れ、スパッと瞬時に斬りつけるため、痛みも無く血も出ないほどだという。その姿は諸説あるが、風を操り、大きな鎌のような腕で獣の体をしている絵図が多い。さらに九尾の狐のような妖怪が乗っているとの説もある。今では、気候の変動で空気中にできた「真空部分」に触れたとき、人体内の空気と気圧の差が原因で裂けるのだといわれている。本当だろうか。冬の季語。

竜巻《たつまき》

地上に吹く風がぶつかり、弱い渦ができる。これが積乱雲の強い上昇気流に吸い上げられ、上下に引き伸ばされる。細く縮めると回転のスピードが速まる性質を持つ「渦」は回転速度を増し竜巻となる。平らな場所で起きるため、山の多い日本では、海上で起こることが多い。「龍」は、想像上の生き物だが『雲を起こし、雨を呼び、天に昇る』といわれているためと、この姿に自然の力の畏れを重ね、この名がついた。

四角い空

どこまでも広がる青い空もきれいだが、
私は、手前に見える山や、建物と一緒の空に、
「おっ」と思うことがある。
それは発見のような感覚で、格好よくいえば、視点を変える――。
すると今まで見えていなかったものが見えたりする。
電線越しの空、格子、電柱、ビル……。
また、桜越しの空、山、木々の葉、岩など。
そう思いながら街を歩くと、たくさんの「カタチある空」が見つかる。
中でも、町家の中庭から見える空が好きだ。
いくつもの四角い軒が重なった影は複雑な模様となり、
そこから覗く小さな空は、とても映えている。
中庭からは、棕櫚竹や黒竹、樹木の影も入ると更に美しい。
その「カタチある空」は、人が作り上げたカタチの中で
〝見せてくれている〟だけだというのに――。
忘れてはいけない。
ときには、恐ろしい空に変化《へんげ》して、風と雲を味方につけ、
目に見えるカタチで、自然界を畏れることも思い出させてくれるのだ。

山窓《やまど》

曇天の雲から現れた明るい隙間や切れ目を窓に見立てた言葉。また、山の稜線の切れ目、山が低くなっている部分も「窓」と呼ばれる。

カタチアソビ

綿雲　わたぐも

空の綿菓子、といってもよいくらい白く可愛らしい雲。上に成長するため上部がモコモコして形がよく変わるが雲底はほとんど動かず平たい。下や横に成長しないのが特徴。晴れた日によく見られる。

飛行機雲　ひこうきぐも

寒い日、飛行機が通った後にできる白い線状の雲。上空の気温が低く、湿度が高いときに出来やすい。この雲がなかなか消えないときは上空からの湿った空気が覆いはじめているため、雨が近づいてきている。飛行機雲を見ると、深い想いが込められたあの歌を口ずさんでしまう。

泡雲　あわぐも

秋の高い空ほぼ一面に、コロコロと小石を敷き詰めたように見える雲。雲のカタチに想像力は尽きないが、鱗雲よりつぶつぶしたイメージ。

鱗雲　うろこぐも

高い空に小さな雲のかけらが美しく並び、その大きさが徐々に小さくなって、それが魚の背中のように沿って見える雲。秋の空は忙しい。秋の季語。

岩雲　いわぐも

雲の幅や盛り上がり方が岩のように見える低い夏の雲。低めの入道雲。

乳房雲《ちぶさぐも・にゅうぼうぐも》

乳房のように見える雲とされるが、雲底からこぶ状の雲がいくつも下に向かって膨むので大きな泡のようにも見える。気流の乱れがこぶ状となっているので激しい雨や雷、雹を伴う。

畝雲《うねぐも》

冬の低い空にできる雲で、長い雲が規則正しく並んで畑の畝のように見える雲。「くもり雲」ともいわれ、灰色をしているが、雨は降らないことが多い。

筋雲《すじぐも》

高い青空に、筆でスッと描いたように並んでいる雲。透き通って見えるのは雲が氷晶でできているため。筋雲が見られると、順に「うろこ雲、うす雲、ひつじ雲」が低いところに現れ、二、三日後には雨雲が現れる。

肋骨雲《ろっこつうん・ろっこつぐも》

太めの帯状の雲の側面から、毛のような雲が何本も外に向かって伸び、肋骨のような形をした雲のこと。この雲が現れると天気が崩れるという。

ベール雲　べーるぐも

積雲や積乱雲の上部に薄く水平に広がる雲。雲の規模によって呼び名も変わるが「船の帆や、テントのフラップ」の意味で花嫁さんのベールのイメージ。

襟巻き雲　えりまきぐも

「ベール雲」が出ている時に、下の積乱雲の頭が突き抜けてしまったときの現象。雲が襟巻きをしているように見えるのでこの名がついた。

雲の舟　くものふね

船のような形をして動いていく雲のこと。

頭巾雲　ずきんぐも

積乱雲(入道雲)の上部に薄く広がり帽子を被ったように見える雲。規模の大きなものは「ベール雲」。雲頂がベールを突き抜けてしまうと「襟巻き雲」。

雲の波　くものなみ

空一面に重なる雲が、寄せくる波のように見えること。「うろこ雲」の変形のようだが、雲そのものが波紋様になっている記録もいくつかある。一定の幅を保つ帯状の雲の上部から、くるりと巴紋《ともえもん》のような形をした雲が規則的に出ている。ラテ・アートのようだ。自然のデザインは無限。

雲の袴《くものはかま》

山の中腹あたりから裾にかけて掛かる雲。山が袴を着けたような姿に見えることから。

羽根雲《はねぐも》

太い帯状の雲の側面から毛のような雲がしゅるりと伸びていて、羽のように見える状態。

雲の林《くものはやし》

雲が群がっていることを林に見立てた言葉。「雲林」になると、高い山などの林に雲が掛かっている様子。

穴あき雲《あなあきぐも》

薄く広がった雲に、ぽっかりと円形状の穴が空いた状態になる雲。雲の隙間がそう見える程度ではなく、何かの予兆か？　と感じるくらい抜け方がはっきりしている。またこの穴から更に、尾流雲という尻尾や羽毛のような雲が垂れ下がる事が多い。

滝雲《たきぐも》

山を越えた雲が、山に沿って溢れるように流れ落ち、滝のように見える雲のこと。新潟県魚沼市の枝折峠は有名。

閂雲　かんぬきぐも

武家屋敷の門に掛けられる閂のように、横一文字に長くかかる雲のこと。富士山の中腹あたりにも現れる。「横雲」と同意。

帯雲　おびぐも

帯のように、ある程度の幅があり長い状態で空にたなびく雲のこと。富士山にかかる帯雲には諺があり、「富士山が帯を結んで、西に切れると晴れ、東に切れると雨」という。富士山が帯を結んだように見える状態で「東に切れる」と、西風で移動性低気圧が近づいているため天気が崩れやすく、「西に切れる」と、東風で高気圧が近づいているので晴れる確率が高くなる。

雲脚　うんきゃく・くもあし

雲の流れ、動きゆく速さや様子「雲行き」のこと。垂れ下がった雲の足元(低い位置)のこともいう。また、机や椅子などの雲の形を施した脚の呼び名でもある。

塔状雲　とうじょううん

雲の層から、更に直角にモコモコと迫り上がって雲の塔に見える状態。塔は一つのときや複数で城壁のように見えることもある。上空に寒気が流れこみ大気が不安定となり、この状態になるため天気が崩れる前兆とされる。

吊るし雲《つるしぐも》

山を超えたときにできる上昇気流がロール状に回転して、大きな提灯のような雲のこと。山を越えるときの気流によって現れる。レンズ雲とは兄弟のようなもの。あまり動かないようにみえるのは、風下で消えてはいくのだが、風上では次々に新しい雲ができているため。富士山のような独立峰でよく見られ、雨が降る前兆になることが多い。「雨俵」とも呼ばれる。イタリア・シシリー島のエトナ山にかかる「吊るし雲」は、その優雅な姿から「風の伯爵夫人」と呼ばれている。

きのこ雲《きのこぐも》

膨大な熱エネルギーが、水蒸気を含む大気中に急激に放たれたことで強い上昇気流が生まれてできる、きのこ形の雲。これほどの熱源としては火山の噴火や核爆弾、大量の火薬の爆発が原因とされる。昭和二〇年八月、広島と長崎に落とされた原子爆弾による「きのこ雲の写真」は一度は目にした事があるだろう。

奇雲《きうん》

異形の雲のこと。「いつもと違う」ことを、昔の人々は敏感に感じとり、想像し、多くのことわざが生まれたのだろう。

いとをかし

潮曇り　しおぐもり

海上で潮が満ちて来るとき、その水蒸気で空が曇ること。また潮気のために、海上が曇ったように見える様子。

雲煙　うんえん・くもけぶり

雲と霞、煙のような薄い雲が漂い、景色がはっきり見えないこと。火葬の煙のことも指すが、煙となって空に登っていくイメージ。「雲姻」とも書く。

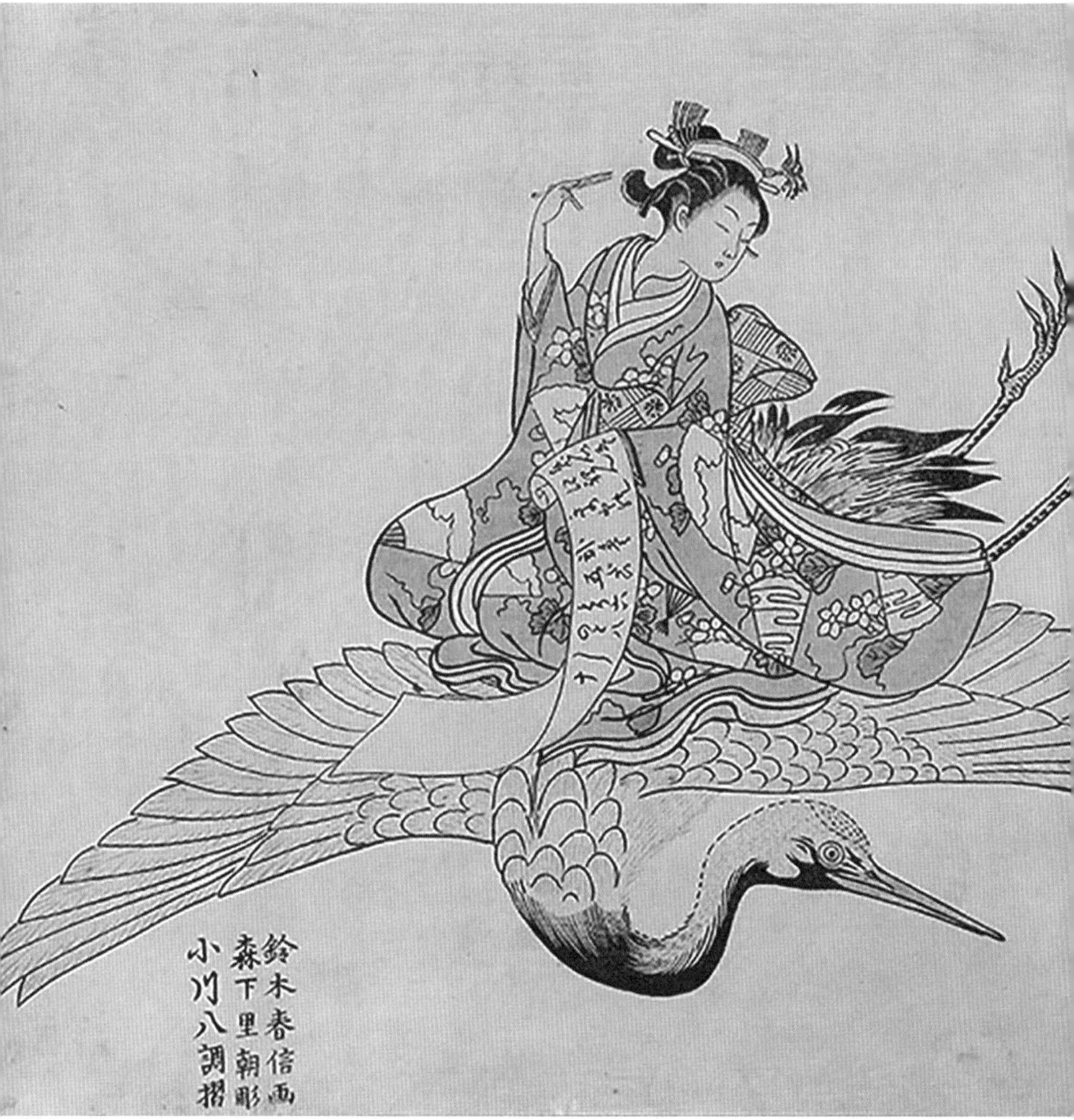

鈴木晴信「白鶴に乗る着物女」

たじろぐ雲

たじろぐくも

幸田露伴『雲の　いろ々』にある、雲の表現のひとつ。古歌から見つけ出した雲の名だが、雨が止み、黒い雲は残るが、星も出てきた頃に「この雲」は、留まるでもなく、揺蕩《たゆた》っているけれど、月や星の光に気圧されているようにも見える。漂うようないざようような、迷う雲をどう表現するかと思案しているときに出会い、絶賛した名。

もつれ雲

もつれぐも

巻雲の筋状部分がもつれたような状態のもの。上空の風が弱いと、風向、風速が頻繁に変わるためできやすい。この雲が見られたあとは、晴天が続くことが多い。

雲堤

うんてい

地平線と空の境目あたり、迫り上がったように同じ高さで続く、長い帯状の雲。堤防のように見える。寒冷前線に沿って伸びている　という。この雲が現れると天気は急変し、雷雨や突風が吹く。

*雲種

世界気象機関で分類されている10種類の雲の種類のこと。『巻雲・巻積雲・巻層雲・高積雲・高層雲・乱層雲・層積雲・層雲・積雲・積乱雲』と、高さや形、雨を降らせるかなどのいくつかのルールに従っている。

雲

雲の住みか くものすみか

世界一雨の多い地、インドのメガラヤ州。〝メガラヤ〟にはサンスクリット語で「雲の住みか」の意味がある。太陽の熱で海から大量の水蒸気がヒマラヤ山脈にぶつかり大量の雨を降らす。湧いた雨雲は、日が傾き空気が冷えるまでメガラヤ高原の上空に漂うため、雨はだいたい夜に降る。この町には洪水で流されないために、ゴムの木の根を誘導し、年月をかけて編み上げた「生きた橋」と呼ばれる珍しい橋がある。

根無し雲 ねなしぐも

名前から想像できる通り、漂っている雲。「浮雲」ともいう。根付くところがなく、不安定にさまよう様子のたとえ。

密雲 みつうん

空一面に厚い雲が濃く重なっている様子。密集している雲のこと。雨雲があるのになかなか雨が降らないことを「密雲不雨《みつうんふう》」という。兆候があるのに物事が起こらないことのたとえ。

多毛雲《たもううん》

積乱雲、雲の上部が毛羽立っている雲。この雲が育ち、上空の風が強い領域に達すると気流は乱れ、大雨や大雪となることが多い。

無毛雲《むもううん》

雲頂が丸く、毛羽立っていない雲のこと。積乱雲なので雷を伴うこともある。この名前、雲としての気持ちを考えてしまいそうだ。別名を「入道雲」「雲の峰」。

毛状雲《もうじょううん》

箒で履いた後のような雲。全体にすうっとした姿で、先が曲がっていないのが特徴。雲の塊があったり、途中で曲がっていると他の名になる。

漏斗雲《ろうとうん》

竜巻が発生するときに現れる、雲底から逆円錐形に渦を巻きながら降りてくる雲。成長して地面や海面に達すると、竜巻になる。

風の柵　かぜのしがらみ

木の葉や小枝が風で吹き寄せられ、柵となり、川の流れがせき止められた状態のこと。秋の景色の一つとなっている和菓子や和食に「吹き寄せ」という言葉も多く使われている。

裂葉風　れつようふう

葉を裂くほどの鋭く強い風。強そうで、何か物語に出てきそうだ。

葉風　はかぜ

草木の葉をゆらし、吹く風。言葉の響きがゆるやかな風を感じさせてくれる。

葉向け　はむけ

草木の葉を一斉に同じ方向になびかせる風のこと。……木の葉が一斉に風をうけるとき、その中に立ち尽くし、遠くの頭上を神様が走り抜けたのだと思うこと……琵琶湖の北の方に撮影に行き、感じたことを文字にしたときの感覚が蘇った。

蓬生嵐　よもぎうあらし

蓬など雑草が生い茂っている土地や、草深い荒れた土地の上を強風が吹き荒れること。

風脇　かざわき

風の吹いてくる道を避けた、脇の方のこと。

なよ風《なよかぜ》

やわらかな風、そよ風のこと。「軟風」「柔風」とも書く。漢字で書くと意味はわかりやすいが、ひらがなの風の方がやわらかそうだ。

協風《きょうふう》

柔らかな風、穏やかな風のこと。春の風を指す音が多い。これとは逆に、激しい風を「厳風」という。

台風裡《たいふうり》

台風の、さなかのこと。「裡」とはうら、うち、なか、また物事がその状態であるということで「裏」と同意。秋の季語。

一掌風《いっしょうふう》

手のひら一つ分ほどの微かな風、微風やそよ風のこと。

俄風《にはかかぜ》

突風、疾風ともいう。突然吹いてくる強めの風のこと。「俄」は江戸時代から明治にかけて宴会席や路上などで即興に行った俄狂言のことで、突然行われることの意味を含む。

霾る《つちふる》

風に巻き上げられた土砂によって空が曇ること。「春疾風」で土が舞い上がったり、中国から運ばれる黄砂によって空が曇る現象。春の季語。

有無風　ありなしかぜ

文字通り有るか無いか分からないくらいの、かすかに吹く風。

風気　かざけ・かぜけ

風が吹くこと。また吹き出しそうな気配。

風巻　しまき

雨や雪などを交え、激しく吹き荒れる風のこと。「し」は、「風」のことを意味する。

浚いの風　さらいのかぜ

降り積もった雪を散らしてしまうほどの強い風。物まで吹き飛ばすほど凄まじい風。

尖風　せんぷう

突き刺さりそうなほど鋭く激しい風のこと。「尖」は物の先端が鋭く尖《とが》っていること。

仇の風　あたのかぜ

害となる激しい風。進みたい方向とは反対に吹き、さわりとなる逆風のこと。航路を妨げる「難風」ともいう。

気になる風

気になる……。
そもそも「風」の漢字に、なぜ虫が入っているのだろう。
諸説あるが、古来、風は大きな鳥の羽ばたきによって起きるものと
伝えられてきたため、甲骨文字では鳥の形をしている。
その鳥が「鳳凰《ほうおう》*」。現代も神格化され装飾などの対象になっているが、
漢字の形が「風」となるには時代の流れがあった。
もともと「凡」は音を表し、そこに鳥の文字が組み合わされたのだろう。
時代が進み、風は「龍」のような姿をした神が起こすものだと
考えらえるようになったことから、爬虫類の「虫」と、音の「凡」が残り
現代の「風」という文字になったといわれる。
ではそもそも「かぜ」という呼び名はどこから来たのだろう。
風の名前には「し」の付く言葉があり、『「し」は風の意』とあるが……。
「かぜ」の「か」は「気配《けはい》」の「け」が転じたもので
「ぜ」は古代、風をあらわす言葉「し」が「じ」となり、組み合わされて
「かじ」とよばれた。それが転じて「かぜ」となった。
その頃の人々は、〝風〟を風の神の〝息〟だと考えていたという。
神話に出てくる「風の神」、級長戸辺命《しなとべのみこと》(級長津彦命《しなつひこのみこと》)の
物語を繋げていくと、風の起こる所は「科戸」。

鳳凰のすがた

鳳凰の社紋は、世界遺産となっている平等院（京都）をはじめ、手向山八幡宮（奈良）、大鳥神社（東京）など多数存在するが、屋島神社などその彫り物が有名な神社もある。姿は麒麟や龍と同じ想像上の守り神。嘴はニワトリ、顎はツバメ、首はヘビ、前半身がキリン、後ろ半身はシカ、背中はカメ。メスを「鳳」、オスを「凰」という。聖天子の証とされ、天皇にまつわる事物には鳳凰の名称がつけられ、輿には「鳳輦《ほうれん》」という鳳凰の飾りがつけられている。

すべての罪や穢《けが》れを吹き払う風は「科戸の風」といい、「神風」のことだ。
「しな」は〝長い息〟を意味し、〝神様の長い息〟と、たとえている。

何かが足りない……。

探っていると面白い研究書を見つけた。わかりやすく縮めてみると、
――日本の先住民族は漁撈《ぎょろう》民といい、魚の行動や海底の地形・地質・風・潮などを判断する〝海を読む知識〟が優れていた。その彼らが使っていた言葉が「風語」だという。この「風語」は朝鮮語、出雲語、韓語の影響を受け、多くの言葉を生み出したが、最初はほとんど気象に関係する言葉から始まっている。元は「a,i,u」の三つの母音のみだった。それが熟化し、意味が加わっていった。近い最終段階では韓語の霧や霞など〝細かい浮遊気〟の「dje」、目に見えないが物を揺り動かす〝気〟の「kan」が組み合わさり「kan dje（カンジェ）」、そこから「加世《かぜ》」となった。――

「風語」という言葉の呼び名も面白かったが、古くは、〝生きるため〟だけに使われていたシンプルな発音が、時代を経て、そこに想像力が加わる。
そして、偉大な自然、目に見えない存在への畏れから、
神の存在を作り出したことで、〝生きるためのパワー〟が生まれたのだ。
そして現在、情報としての「風」になっている。人の、想像力が退化してはいないだろうか。「見えない風」は、存在するのだろうか……。

いろ

風色《かざいろ・ふうしょく》

風に色は無いが、自然そのものの景色や、眺め、風景のことをいう。また「秋の風色」などその時節の特徴をたとえる美しい言葉。

天が紅・天紅粉《あまがべに》

残照に紅く染まる雲、夕焼け雲のこと。「紅粉」は、中国から渡来した紅（唐紅）のことで、化粧する、から転じて「美人」の意を持つ。

白い空《しろいそら》

晴れてはいるが、空気中に水蒸気やホコリが多いと、波長の長い赤系の色までが錯乱し、空が白っぽくなる。春先の「花曇り」のときもこの表現を使うときがあるが黄砂の時期でもある。

青空《あおぞら》

晴れた日の空のこと。太陽の光は無色だが、プリズムにより色を分けると、波長の短い方から『紫、藍、青、緑、黄、橙、赤』と虹の七色となる。光が空気中の浮遊物（細塵）に衝突し、波長の短い光が錯乱すると、その錯乱された青系の色だけが地上に届き、空は青く見える。

青雲　あおくも・せいうん

青みのある雲。良く晴れて空が高いことや青空のこともいう。また地位や徳の高いことのたとえとしても使われる。

碧雲　へきうん

「青」ほど清々しい色ではなく、少し青みがかった「青緑」の雲。青雲と同意とされるが、少し翳りがあるように思う。

翠雲　すいうん

緑がかってはいるが、青く美しい雲で、凛としたイメージ。

緑雲　りょくうん

緑がかった雲。この漢字になると、身近で暖かなイメージがすることから、青葉が盛んに茂っている様子や、女性の豊かな黒髪のことも意味する。

赤雲　あかぐも・せきうん

赤味を帯びた雲のこと。太陽や月の光を反射して赤く見える。夜に雲が赤く見えるのは、月の光だけに限らず、雲が低い位置にあり、街灯や車のライトを反射する光害も考えられる。

茜雲《あかねぐも》

朝焼けや、夕焼けにより茜色に映る雲。「茜色」は、山野に自生する茜草の橙色の根からできる染料で染めた、沈みがちな赤色のこと。

紅雲《こううん》

紅色に染まっている雲のこと。また、赤く花が咲き乱れるさまをたとえたともいわれるが、戦の夜明けのイメージなど、背景の出来事に連なって使われる事が多いようだ。

赤気《せっき》

赤いと見られる雲の氣。異様な光景になることから、災害や、戦乱の前兆とされてきた。彗星という説やオーロラの説もある。藤原定家の『明月記』*にも記されている。

白雲《しらくも・はくうん》

白い雲のこと。雲が白く見えるのは、雲を作る要素になる水滴の粒子が細かく、濃度が薄いとき。すりガラスのような状態に、太陽の光は透けてあらゆる方向に散るため、白っぽく見える。分厚く、密度が高くなると太陽の光を通さないため、雲に影ができ、曇り空となる。

*藤原定家の『明月記』

赤気は遠くの火事のようで、白い光の筋が所々に伸びていた。雲ではなく、また雲間に見える星座などでもない、赤白く光が入り混じる様子は実に不可思議で気味の悪いものに映ったと記した。「奇にしてなお奇とすべし、恐るべし、恐るべし」と述べている。

五色の雲　ごしきのくも

五色に輝く美しい雲のため、仏教の教えではありがたい物語がついている。仙人や天女のいるところにかかる雲、また、阿弥陀如来が往生者を極楽浄土に迎えるため、二十五の菩薩を従え乗っている雲とされている。千手観音菩薩の手には「五色雲」がある。めでたい雲、という解釈としては、「瑞雲《ずいうん》」「慶雲《けいうん》」「紫《し》雲《うん》」「彩雲」と同意。

黄雲　こううん

黄色や金色に見える雲のこと。吉祥を告げる雲といわれるが黄色い塵を含んでそう見えるのだという説もある。一方、稲が実り黄金色に染まった田園風景のことをたとえた言葉とも。このありがたい実りが吉祥そのものではないかと思う。

黒雲　くろくも・こくうん

黒い雲。光を遮り、雨を降らせる雲のこと。「物事を遮る、妨げになる、心を覆われる不安な気持ち」のたとえに使われる。「玄雲」と同意。「玄」は、黒のことだが、他の色をも内包し、奥行きが深い黒のイメージで、少し思考的な意味も含まれてくる。

白風《はくふう・びゃくふう》

秋のはじめの頃吹く風、涼風のこと。五行説(木火土金水)より、金行は秋となり、色は白になる。秋の風は「金風」とも呼ばれる。

素風《そふう》

五行説から見ると、秋の色は「白」になる。素は、白を表すため「素の風」となった。透明な風は侘しさのイメージが増す。

緑風《りょくふう》

青葉の上を吹き渡っていく爽やかな風。

赤風《あかかぜ》

石川県穴水町地方で、非常に強く吹く西風をいう。この風が吹くと海が赤く見えるからという。また、三重県鈴鹿市地方で「あかまにし」と呼ぶ西風をいう。やはりこの風が吹くと海の色が赤くなる。海上の波は立たないが、強風で危険だという。

風青し《かぜあおし》

青葉を揺らして吹き渡る風が、青い気配を運んでくる。青く染まったように感じるほどのやや強めの風。夏の季語。

黒風　こくふう

空を暗くするほどのつむじ風。黒雲を伴い、砂塵を巻き上げる暴風のこと。

色無き風　いろなきかぜ

秋の風のこと。陰陽五行説の木・火・土・金・水に準えると、秋は「白」になることから。諸説あるが中国で秋の風を「素風」と呼んでいたところから、色の無い、寂しい風になったともいう。

青北風　あおぎた・あおきた

初秋から仲秋のあたりにかけて吹く強い北風のこと。「青」がつくのは、船乗言葉で晴天の日に吹くため。

青嵐　あおあらし・せいらん

初夏、青葉を揺らして吹くやや強めの風のこと。「夏嵐」ともいうが、どちらも風そのものが嵐ほどではなく、茂った木々をざわざわと揺らす音を見立てた名。夏の季語。

色風　いろかぜ

なまめかしい風。色っぽい風。

黒北風　くろぎた

北西から吹く強い風。黒い雲とともに、雪が混じることもある。濃霧を伴う要注意の風。京都の丹後地方の漁業者は「くろげた」と呼ぶ。

朱色の液体

立ち止まったときから
周りの音は消えていた

空に、朱い液体を落としたような夕焼け
遠くの山と空の境目に落ちていく、朱い色は
試験管の底に溜まる液体のように
底の赤味をましていく
まだ水色だった上の空は
群青色に染められ
遠くの朱色に吸い込まれていく
液体の中に居るような音のない世界……

気がつくともう、朱い色も山の闇に吸い込まれ
空は紺色に塗り替えられていた
夜の音がして、歩き始める

霞

霧

翠煙《すいえん》

遠くの緑樹などに霞がかかり、ぼんやりと緑がかって見えること。煙そのものが緑っぽく見えることもいう。

紫気《しき》

大気などが紫色に見えること。紫色の雲や気配。

白烟《はくえん》

白い煙や、白い靄が漂い煙のように見える様子。

大切ナ

立チ止マル

気がつくと
止まれなくなっている

空を、見ル　タメニ
風を、見ル　タメニ
波を、見ル　タメニ

立チ止マラナク
ナッテイル

うつろいの空

雲や風を留めることはできない。
人の心も同じように、測ることも留めることもできず
やりきれなくて空を見る。
雲を見て、風を見て、鏡を見るように
その瞬間の心を、映してしまったのかもしれない。

ウツスココロ

姿

靉靉　あいあい

雲や霞が多く盛んに立ち込めている様子。この「靉」の漢字がすごいと思った。雲を愛すると書く。「愛」は引き留めること。この漢字一つで雲が流れず、留まっているという意味を持つ。

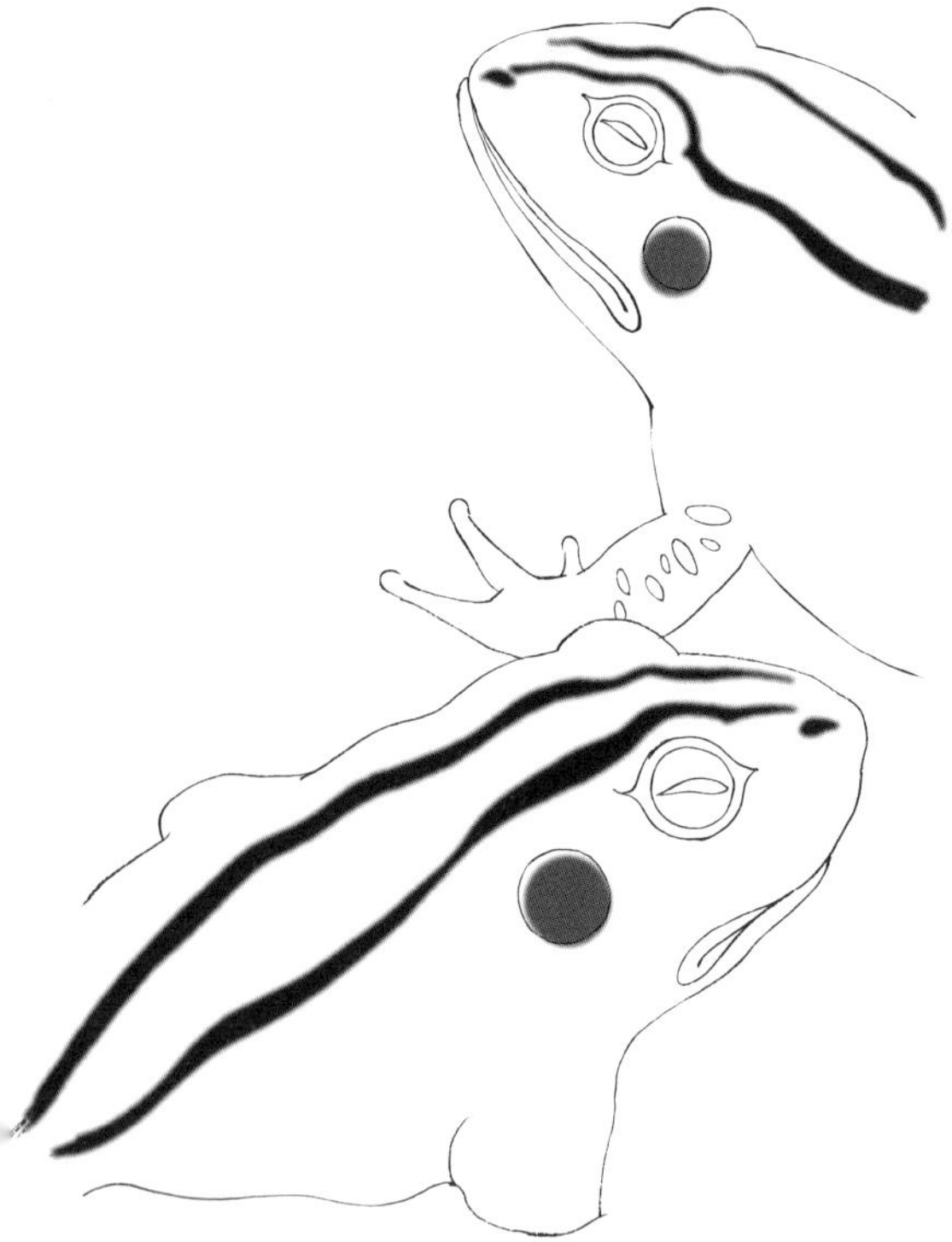

天飛ぶ雲　あまとぶくも

大空を流れ飛ぶ雲のこと。空を見上げて一度は、あの雲のようになりたい、あの雲の向こうに行きたい、などと思った人は少なくはないと思う。

天雲　あまくも・あまぐも

天にある雲、空の雲のこと。「天雲の」が枕詞になると、雲が定まらずに漂うことから「たゆたふ」、雲の奥が分からないほど遠いことから「はるか」、離れ離れにちぎれることから「別れ」「外《よそ》」、雲が遠くに飛んで行くから「行く」にかかるなど、不安定で掴みどころのないイメージとなっている。

愁雲　しゅううん

なんだか憂う気持ちにさせる雲のこと。悲しい、寂しい気持ちのたとえ。

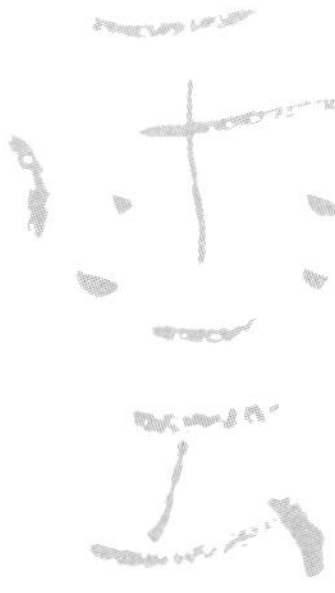

悲風《ひふう》

寂しそうに、悲しそうに吹く風の名。悲しいことを思い出させたり誘う風で、秋の風。

余波《なごり》

海上での風が静まったあと、まだ波が残っていること。「波残り」が元となり名残《なごり》↓余波と変化したもの。物事が過ぎてもまだその気配や心が残っていること、別れを惜しむ気持ちのこともいう。

清風《せいふう》

清らかで、清々しい風のこと。「清風に故人来たる―」夏が終わり、涼しい風が吹くとほっとして、古い友人が会いに来てくれたような気持ちになるというたとえ。

八風《はっぷう》

北東・東・南東・南・南西・西・北西・北の八つの方角から吹く風。また仏教では、人心を乱し扇動する八種の事柄*をいう。

*八種の事柄
衰（肉体的金銭的衰え）・利（富貴・利得）・毀（不名誉）・誉（栄誉）・議（議を受ける）・称（称賛を受ける）・苦（苦しみ）・楽（楽しみ）の八種だという。

ココロトメテ

心が、壊れそうになったとき、空を見上げてしまう。
大切な人が亡くなったとき……。
死だけに限らない、今、この瞬間が一番つらいと思ったとき、
空を見上げてしまう ── そして静かに「ココロを止める」。
「感情」は、溢れさせるとタチが悪く、なかなか消化できない。
だから心が動いてしまう手前で他のことを考える。
空を見上げて、深呼吸して、自分に言い聞かせる……
「とりあえずは、目の前にある、やるべきことから！」
長くはない人生の中で、何度かその作業を繰り返してきた。
きっと私だけではないはずだ。
悲しみは測ることができない。
人は、悲しいとき、
〝空を見上げる人〟と〝地面を見下ろす人〟に分かれるという。
一人になりたいとき、〝海に行く人〟と〝山に行く人〟に分かれるように。
私は空を見上げ、そして海にゆく。
風が吹き、雲は流れ、季節は移ろい、
そして、時は流れる……。

たとえ

雲霞《うんか》

雲と霞のこと。雲や霞が沸き立つように人が大勢集まること。軍勢などが多く押し寄せることを「雲霞のごとく――」と表現する。

雲居《くもい》

雲の居るところ。これは「空」そのものをいうが、はるか遠くのことや、高くて手の届かない場所のたとえとされる。

雲

雲の果たて　くものはたて

空の果て、雲の果てのこと。現実には無いことへの想いや、手の届かない物事へのたとえとして『狭衣《さごころ》物語』や『古今集』に詠まれ、使われる語呂の美しい言葉。また、雲のたなびく様子を旗がたなびくと見立て「旗手」とも書く。

雲間　くもま・うんかん

雲の絶え間、切れ目のこと。また、特別に優れた人の居るところとしてたとえられる。「雲間の月」など、すべてが見えないことがなお美しいという想いから、歌舞伎や浄瑠璃の外題、和菓子の銘などになっている。

雲を掴む　くもをつかむ

物事が不明瞭、漠然としていて捉え所のないことのたとえ。

雲透き　くもすき

暗い所で物を透かして見ることや、薄い雲を通った光が当たるくらいの薄明るい場所のこと。

水雲　すいうん

「水と雲」をすべて含むと捉え、大自然のことをいう。また、流れる水や行く雲のように留まらずに行脚すること。そして、この漂う姿を海藻に見立て「水雲」と書いて「もずく」と読む。

浮雲

ふうん・うきぐも

空に浮かんで漂う雲のこと。雲が目的もなく漂っているように見えることから、儚く不安定な生き方のたとえとなった。「浮き雲」と同意。

闇雲

やみくも

結果や是非を考えず、見通しのない状態で事を進めることのたとえ。見えない闇の中で雲を掴むような行動のこと。

雲を凌ぐ

くもをしのぐ

物事の志や、高くそびえ立つものを、雲を眼下に置くほど高いとたとえた言葉。「陵雲」と同意。

雲と泥

くもとどろ

あらゆる方面からの違いが甚だしいことのたとえ。天に近い雲と、地にある土、しかも「泥」なのだ。「雲泥の差」に追い討ちをかけるように四字熟語になると「天地雲泥」と「雲泥万里」となるのは高さも距離も大きく違うことを強調している。

雲を霞と

くもをかすみと

一目散に逃げて姿をくらます、隠れてしまう様子。「雲霞と逃げる」。また雲や霞が風や太陽の光に当たると、跡形もなく消えてしまうことから「雲散霧《うんさんむ》消《しょう》」という言葉もある。

月岡芳年「月百姿 五條橋」

暗雲《あんうん》

黒い雲が覆い、今にも雨が降り出しそうな雲。また「暗雲が垂れ込める」などの使い方をし、不穏な空気に包まれることのたとえにも使われる。

陰雲《いんうん》

暗い雲が一面に空を覆うこと。

風雲《ふううん》

風や雲、いわゆる自然界のことをいう。龍が風と雲を得て、天に昇るように英雄が頭角を表すときのことをたとえる。世の中が大きく動く前ともいうが「かざぐも」と読むと、気象として強風の起こる前ぶれとなる。風と雲で自然界すべてを意味するのだ。

風

浮き世の風《うきよのかぜ》

人生で経験する厳しい現実。ままならない世間の風潮を「風」に、「憂き世」を「浮き世」とたとえた言葉。

風に柳《かぜにやなぎ》

柳が風の吹くまま揺れるように、自分の身を保つため相手に逆らわずにさらりと受け流すこと。「柳に風」も同意。

風を切る《かぜをきる》

勢いよく、鋭い速さで進むこと。「肩で風を切る」は肩をいからせ威勢よく歩く様子をいう。

風の音の《かぜのとの》

遠くから聞こえる風の音のようだという意味の「遠き」にかかる枕詞。消息だけは聞こえてくるが、姿は見えないことのたとえ。

風脚《かざあし》

風の吹く速さ、風速のこと。また、風が吹き、次々と物事を騒がせることのたとえ。

風雪《ふうせつ》

人生で出合う、厳しく苦しい試練を風と雪、または吹雪にたとえた。

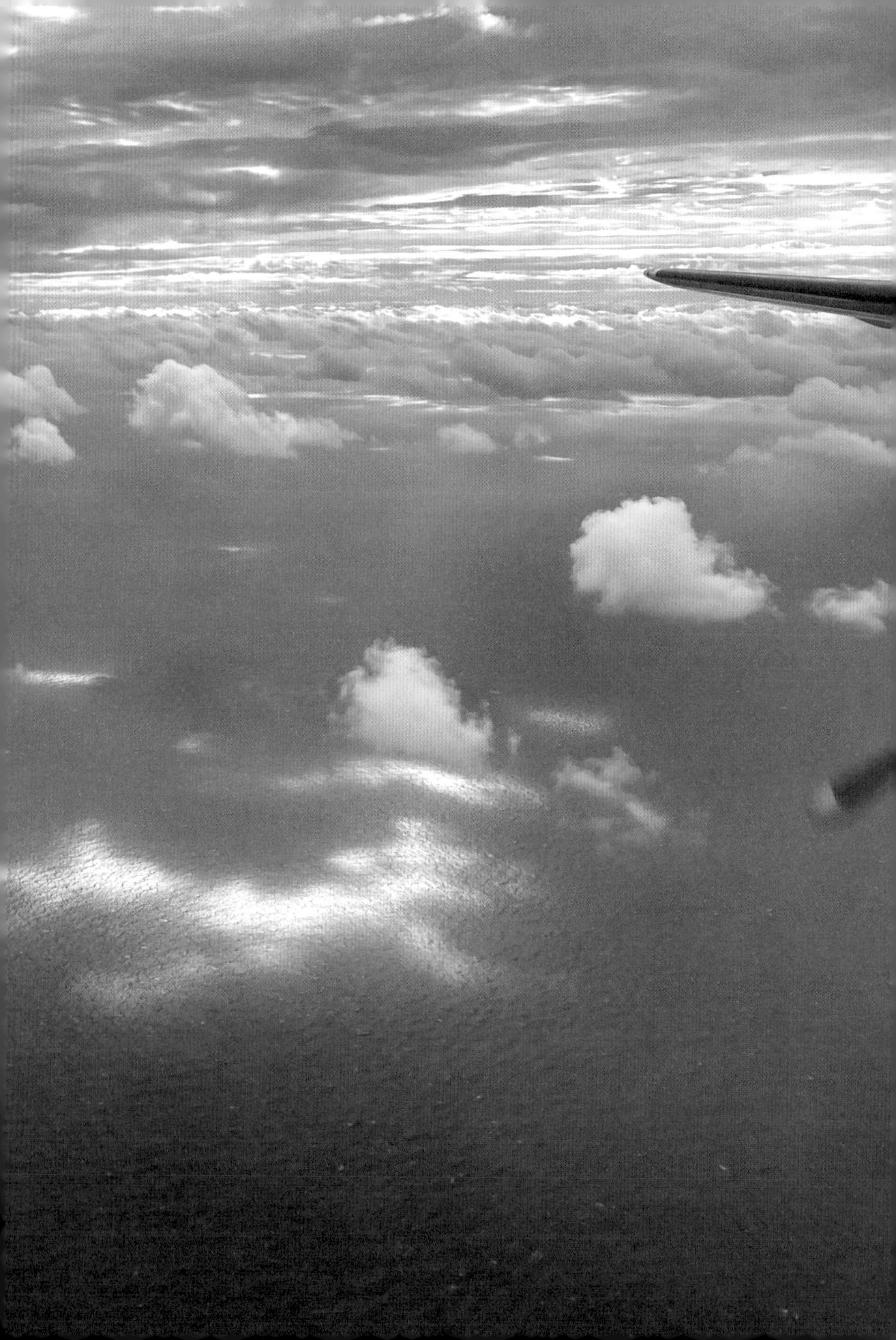

雲のカゲ
山に落ちる
海に落ちる
街にも落ちる

見てしまった空

「空」いや、雲を見下ろしてしまった……

自分は神様の領域に足を踏み入れてしまった――
そう思うことがある。

「大袈裟な」と、聞こえてきそうだが、
飛行機に乗ると、そんな景色に出逢うことができる。

厚い雲の絨毯の中に、富士山の頂上を見つける。
喜んだ瞬間、なんだか、罪悪感にも似た気持ちが込み上げる。

ぐんぐんと高度を上げていく機体が、「ズボッ」と雲の層を抜けた瞬間《とき》、
真っ青な空に吸い込まれると同時に、何だか申し訳ない気持ちになる。

「わあ、空に近い」と思いながら、自分に言い聞かせる。
〝空の果て〟がまだわからないことは、知っているのに
目の前に美しい景色がひらけると、つい〝空に近づけた〟と思ってしまう。

青空ばかりではない。
真夜中のフライト、皆が寝息を立てる中、
機内は足元のライトだけが残る闇。
こっそりシャッターを開け、窓に張り付いて見えた景色は
……星の中を飛んでいた。
もう、寝るなんてもったいない。
真っ暗な空と星たちの遠近感で、星の中にいるように思えたときは、
隣で寝ている人を起こしてしまいそうだった。

おかげで睡眠不足の研修旅行とはなったのだが、
何度思い出してもワクワクする夜空だった。
誰かのコラムに書いていた言葉を思い出した。

――将来、誰よりもたくさんの虹に出会ったと思えるような
〝じかん持ち〟に、私はなりたい。――

袖の羽風《そでのはかぜ》

鳥や虫の羽風という意味で、舞う人が衣の袖を振るときに起こる風のたとえ。

風の息《かぜのいき》

風は一様に吹いているのでは無く、常に強くなったり弱くなったり、また方向も変わっている。突然の突風もあれば、何事もなかったように静かな時間もある。まるで人が息をしているようだとたとえられた。

松濤《しょうとう》

松に吹く風音を波の音にたとえられた言葉。

風韻《ふういん》

趣のあること。風流、風情など、味わい深いことや、品格ある形のない美しさのことをいう。

風が落ちる《かぜがおちる》

「風が止む」という意味で、ある事柄が収束し、落ち着いた状態になることや混乱が収まることをいう。

長風《ちょうふう》

遠くから吹いてくる強い風、また、遠くまで吹いていくほどの強い風のこと。非常に勢いがあることのたとえとして使われる。

初午の鳥居

京都の伏見稲荷大社では、毎年二月の最初の午《うま》の日にお詣りをする「初午《はつうま》大祭」がある。一月も終わりに近づくと、「今年は初午いかはります？」というお声をいただき、何年か前から私も、お店をされている先輩方と縁起の良いお詣りに行くようになった。

「神様が居られるのはこの岩！」と、教えてもらったのは、本殿から少し離れた場所に祀られている岩だった。最初にこの「岩」に参拝し「しるしの杉*」を持って稲荷山の一番上まで登る。その前に、神馬《しんめ》の社に名刺を差し込む。この日は、山の神様が白い馬に乗って里に降り立たれる日といわれているため、ここは忘れずにお詣りしていく。

ようやく、千本鳥居と呼ばれる鳥居をくぐり、（いや〝鳥居の中〟を進んで行く感覚だ）、四ツ辻に差し掛かり一息つくと、私たちは左回りに自分のペースで山頂を目指す。「ふぅ」と、空を見上げて息を整える。新しい鳥居や崩れかけた鳥居の隙間から、細い青空が覗く「違和感……」。晴れている……。そういえば、この伏見稲荷大社で傘をさした記憶がない！ やはり、お稲荷さんは「晴れ」なんだ、すごい！（『雨を、読む。』参照）と、思う余裕もなくなり、徐々に無言となる。

稲荷大社と初午

京都・伏見稲荷大社は、全国に約三万社あるといわれている稲荷神社の総本宮。千本鳥居が有名で、式内社(名神大社)、二十二社(上七社)の一社で稲荷山全体が神様といわれる。奈良時代の七一一(和銅四)年、初午の日に穀物の神様〝稲荷大神〟が稲荷山に鎮座されたことにちなむ大祭は二月最初の「午の日」に執り行われる。「初午大祭」は山の神が神馬に乗って里に降り立つといわれ、春の訪れを祝うお祭り。

途中のお土産屋さんには〝お供え用のお菓子やお酒〟が三宝に盛り付けられて売っている。茶店《ちゃみせ》のような窓に、ガラス越しのその姿が可愛らしい。

途中、「眼力社」「薬力社」など様々なお稲荷さんが居られ、お願いしたい事があったり、御縁の深いお社があればお詣りしていく。

薬力の滝。「薬力社」の隣の入り口の奥に、その滝は隠れていて、知らないと素通りしてしまう。狭い入り口を進み、ペットボトルを掲げると、誰かがぴちょぴちょになり笑いが起き、しばし休憩。ここからさらに石の階段は急になり、無言で登り続けることになるが、そんな急坂に慣れた頃、緩やかなカーブの低目の階段を登り切ると山頂に到着した。

「神様は岩にいらっしゃるの！」と、参拝の大先輩が叫ぶ。

まずは、お社にお参りし、左から周り込むと真後ろに大きな岩がある。そこには、岩にもたれ掛かるように小さな鳥居が沢山あり、その一つに目掛けてお賽銭を投げるのだ。知らないことばかりで好奇心はマックスになっている。

岩越しには青空と白い雲が広がり、太陽が眩しい。

貴重な瞬間だ。(〝雨女〟の)私には特に……。

ここから四つ辻に向かい、違う道を降りていく。気になるお稲荷様は帰り道におられる。〝空飛ぶ〟お稲荷様の社だ。お詣りは、まだしたことがない。

幼い頃、そして三十代、二度目のお詣りも、途中の店で怖くなって降りてしまったのだ。とにかく怖かった。

ご縁があればご挨拶することになるのだろうと思っていた。

ここまで書いて、ふと、幼い頃、母の顔が狐にしか見えなかった時期があったことを思い出した。不思議な感覚だったが、その頃は私もそんなものだと思っていた。幼い私は〝どちらの母〟も受け入れていたなぁと。

いつだったか、母の守護神はお狐さまですよ、と聞いたことがある。

そういえば、母は自慢の「晴れ女」だった。

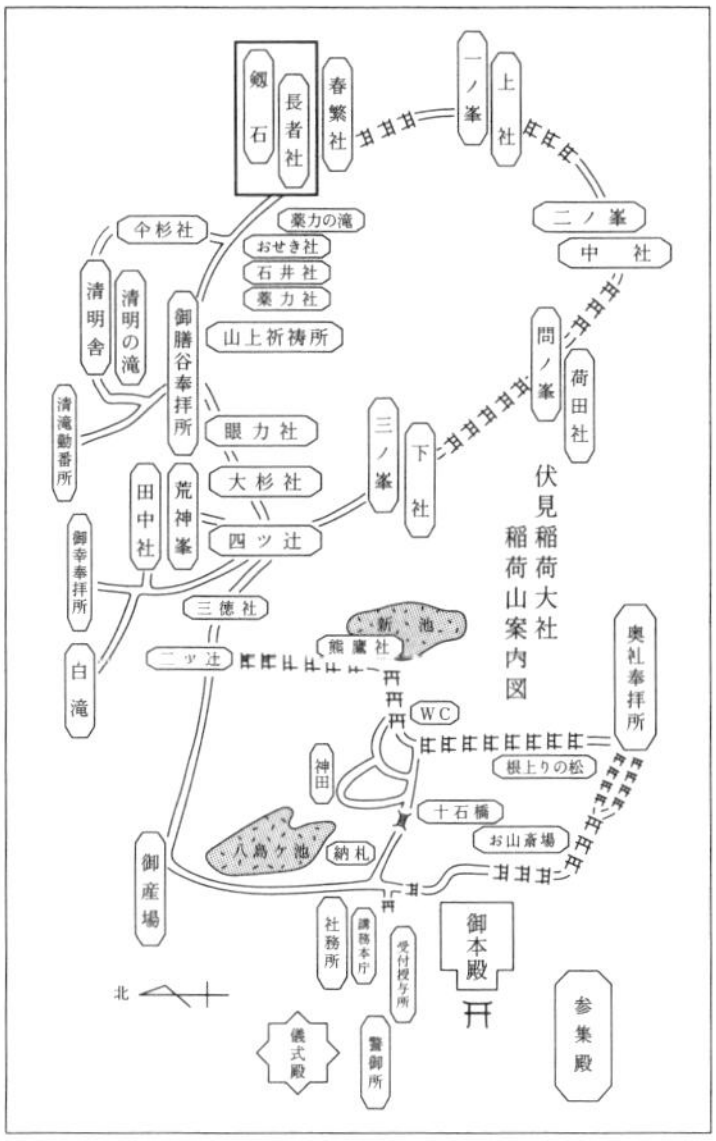

＊しるしの杉

平安時代、京都の人は熊野詣の帰りに伏見稲荷大社に立ち寄り、無事に帰ってきた〝しるし〟として杉の小枝をいただき、身につけたとの習慣に由来する縁起もの。また、山から杉の小枝を持ち帰り、家に祀ると、その家が栄えるという話も残っており、古くから稲荷詣での際には杉の枝を持ち帰る風習がある。

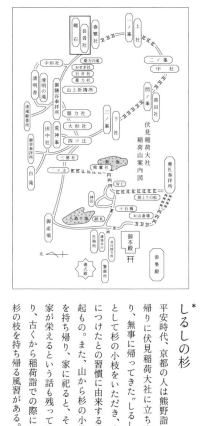

空の上のものがたり

雲の生まれる場所がある。
天界の方々だけの知る通路がある。
侵してはならない雲の上の世界を畏れ、崇め
それでも何とかお願いをする。生きるために。
命を繋ぐという、大切な役割のために。

妖しの空と神様のいる処

風神《ふうじん》

風を司る神として、姿かたちを変え各国の神話に伝えられている。日本では、鬼のような姿に大きな風の袋を背負って、雷神とともに現れる「風の神さん」で神像や、屏風絵としても知られる。農作物に影響を及ぼす風と雨。豊作を祈る神様として、古くは龍田比古《たつたひこ》神社・龍田比女《ひめ》神社、伊勢神宮の別宮《わけみや》である「内宮《ないくう》の風日祈宮《かざひのみのみや》・外宮《げくう》の風宮《かぜのみや》」そして諏訪大社に祀られている。また、風格と気品を備える人物の比喩として、王の写す景を「貴ぶ所は風神《ふうしん》に在り」と表現している。歴史とともに役割は増え、風邪を流行らせる厄病神にもなっている。

風神と雷神

京都の三十三間堂で千手観音の眷属《けんぞく》である二十八部衆と並べて安置される。「風神・雷神像」、それを手本にして俵屋宗達が描いたといわれる建仁寺の「風神雷神図屏風」は供に国宝として有名。

風伯《ふうはく》

風の神。風神とほぼ同じだが主に中国でこう呼ばれる。雨の神「雨師《うし》」とともに農作物の豊凶を支配し、東西南北それぞれの風の神には名前がついている。東風は「キョウ」、南風は「ビ」、西風は「イ」、北風は「シュ」。さらに東南、西南、西北、東北にもいるといわれている。中国は「気」を重視する国、大気を動かす神様が八人いても不思議ではない。

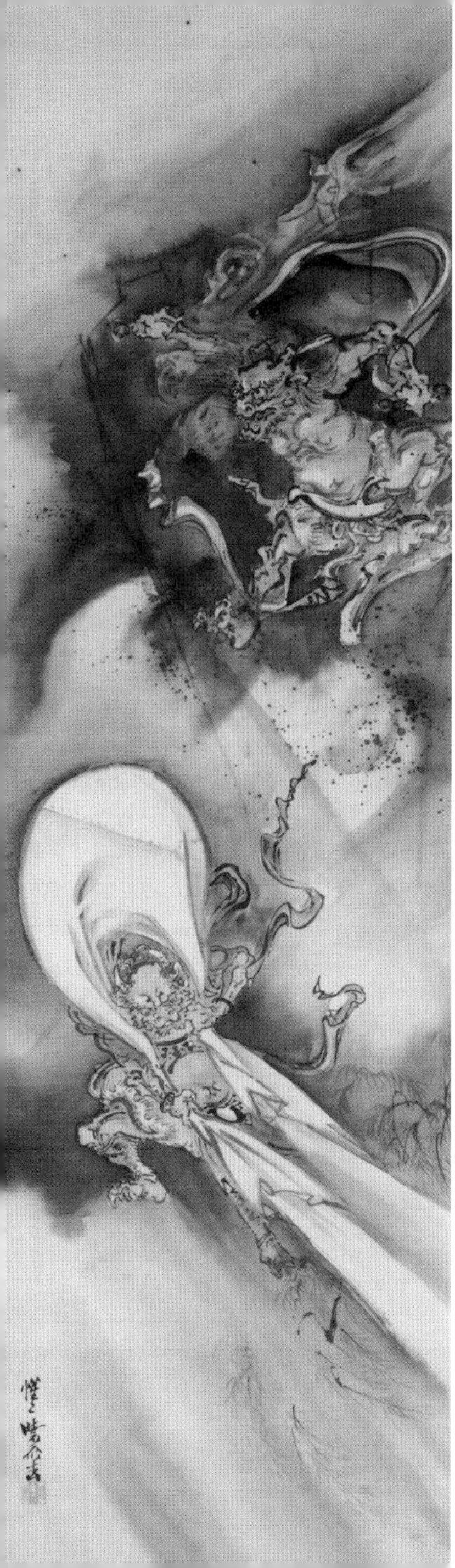

河鍋暁斎「風神雷神図」

神話と風

自然現象のはずである「風」は、眼に見えないもの、抗えないものとし、世界のほとんどで神格化され、人間が畏れるものとして多くの伝承や信仰が生まれた。日本では風神をはじめ、同じ神ではあるが妖怪としては鎌鼬《かまいたち》が有名だ。インド神話ではヴァーユを風の神とし、雷の神インドラと共に「天・地・空」の三つの世界のうち、「空」を占めている。この影響を受けた仏教では風天が存在する。ギリシア神話では四人の風の神「総称アネモイ」が東西南北を司る。ヘブライ語で「風」にあたる言葉は「龍」の発音に近く、霊的な深い意味も持つ。世界の風の神様の物語には、人として納得すべき内容が元になっていて面白い。

神荒れ　かみあれ

「神帰りの荒れ」とされ旧暦十月の晦日から十一月一日にかけて吹く強い偏西風のため海が荒れることが多く、これは出雲大社に集まった神々が帰られることに伴って荒れるのだといわれている。出雲では旧暦十月十日あたりから海が荒れることを「お忌みさん荒れ」といい、この時期は神々が集まり会議することを妨げぬよう、音楽や喧騒、造作などはせず、ひっそりと過ごすという。

伊恵理　いえり

雲霧が立ち込め、視界が悪くモヤモヤとなった状態のこと。「伊穂理《いほり》」ともいう。祝詞《のりと》「六月の晦《つごもり》の大祓《おおはらえ》」の一節に「国つ神は高山の末、短山の末に上りまして、高山のいゑり、短山のいゑりを掻き別けて聞こしめさむ」とある。

不吹堂　ふかんどう

不吹《ふかん》＝ふかぬという意味で、大きな風、台風などが吹かないように、各地に建てられている風鎮めのための風神堂のこと。

雲

妖雲《よううん》

不吉な出来事を予感させるような怪しい雲。

雲竜《うんりゅう》

雲に乗って天に昇る竜。

觔斗雲《きんとうん》

猿の仙人である孫悟空が使用する、中国の伝奇小説『西遊記』に登場する雲。雲に乗って空を飛ぶ仙術により、呼ばれるとやってくる架空の雲。

雲の衣《くものころも》

雲が美しいことを天女の羽衣に見立てた言葉。また、天女が身に着けているという衣服のことをいう。

狂雲《きょううん》

乱れて動く雲や、高さの違う層で逆の方向に流れたりする雲のこと。嵐の前触れといわれる。『狂雲集』という漢詩文集は「狂雲子」と号した禅僧一休宗純の作品集。

邪雲《じゃうん》

不吉な予感を思い起こさせるような雲。また、それを示すような雲のこと。また、理性や知性を隠した悪行や悪念のたとえ。

怪雲《かいうん》

見たこともないような、形や色、邪悪な気配を持った雲のこと。また、高句麗壁画古墳の中で年代の分かる唯一の墓といわれる「安岳3号墳」の西側室南側の壁面上の梁には、植物の蔓のように見える怪雲紋様が装飾されている。怪雲紋は一般的な雲紋とは異なり、でこぼこしており奇怪に見える。赤と白を混ぜて、神秘的に描写されているという。

神風《かみかぜ》

神聖な風。神が吹かせる風とわれ、危機を救うために突風が吹いたり、奇跡的なタイミングで吹く風のこと。

神渡し《かみわたし》

出雲大社に渡る神々を送る風といわれ、旧暦十月に吹く西風のことをいう。「神立風」ともいう。冬の季語。

風水《ふうすい》

吹きつける風と流れゆく水。また、地相や水利に神秘の力を認め、それによって宅地や墳墓などの吉凶を占う中国古来の占術。

天狗風《てんぐかぜ》

突然激しく吹いてくる旋風を天狗の仕業とし、ついた名前。「天狗礫」とは、どこからとも知れず飛んでくる瓦礫のことをいうが、「礫天狗」という河童に似た妖怪もいる。また、山奥で突然、木の倒れる音や原因のわからない大きな音がすることがあるが、それらを「天狗倒し」といい、山での怪奇現象といわれる。翌日見に行っても何事もなかったかのような様子で、結局わからないことが多い。そんな山で起きたことは狸のせいにされることもある。

天つ風*

『古今集』巻十七に詠まれた「天つ風 雲の通ひ路 吹き閉ぢよ をとめの姿 しばしとどめむ」とある。宴席で舞っている舞姫を天女になぞらえ、その美しい姿をもっと見ていたいから、風よ、天女が高天原へ帰っていかないように雲の中の道を吹き閉じてしまっておくれ、と呼びかけている。

天つ風* あまつかぜ

大空高く、天を吹く風のこと。「つ」は、「の」と同じ意味を持ち「天の風よ……」と、呼びかけた僧正遍昭の詠んだ歌がある。

科戸の風 しなとのかぜ

「風」そのもののことをいうが、この風はいっさいの罪や穢れを吹き払うものとされる。「祝詞」に出てくる『罪と言ふ罪は在らじと　科戸の風の天の八重雲を吹き放つ事の如く　朝の御霧夕の御霧を朝風夕風の吹き払ふ事の如く……』からも読み取れる。「級長戸《しなと》の風」とも書く。

鬼北 おにきた・おにぎた

丑寅《うしとら》(北東)の方角から吹く風のため、鬼門から吹くといわれこの名がついた。二月に吹く強い北風のこと。

腥風 せいふう

血生臭い風のこと。また、殺伐とした気配をいう。「腥」という漢字はイメージとは違い、なまぐさい、という意味を持つ。

広莫風 こうばくふう

古代中国神話に登場する窮奇《きゅうき》という霊獣(風神)が吹き起こすといわれる北風のこと。

風《かざ》招《お》き

口をすぼめ、息を吐く仕草で風を招き起こすという、まじないのこと。
これは『日本書紀』海幸山幸伝説に出てくる言葉の中で、
「風招は即ち嘯《うそぶき》也」と書かれている。
この神話は、一方的で執拗に弟（山幸彦）を責めた兄（海幸彦）を
懲らしめるという物語だ。海神に教えられ、そのとき使ったまじないが
「風招き」だという。
この「嘯」という漢字は、多くの意味を持つ複雑な動詞として
試験問題にもなるほどだという。

一、口をすぼめて息を強く吐く、また音を立てる。
二、吟詠する。
三、あるものを見て感嘆のあまりため息をつく。
四、虎などが吠える。鳥などが鳴き声を上げる。
五、照れ隠しにとぼける。開き直ったり相手を無視する。
六、強がりや、大きなことを言う。
（日本国語大辞典より一部抜粋）

動物の鳴き声まで入っており、ひとまとめには出来ない言葉だ。

川原慶賀「風神・雷神図」

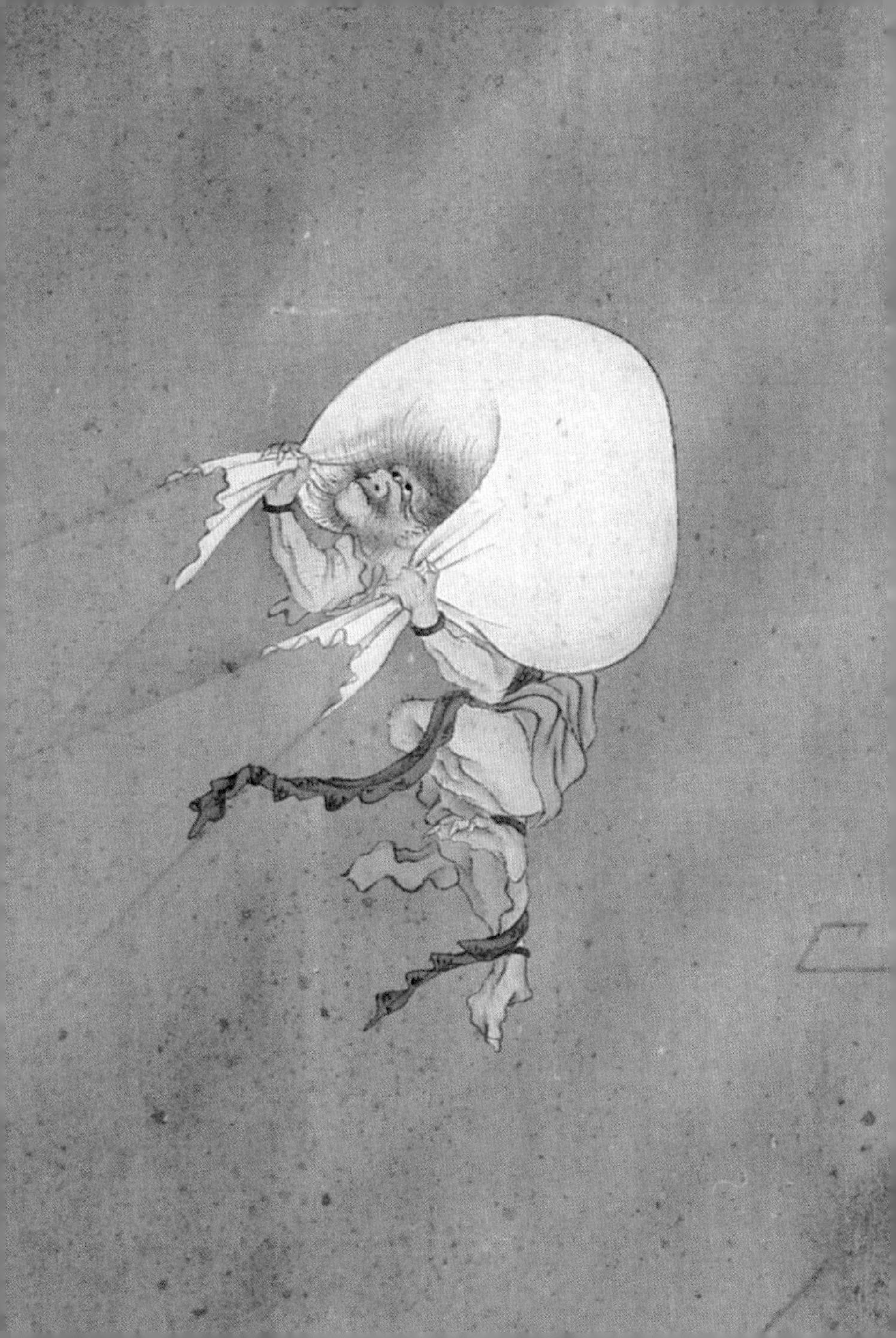

暈　かさ

太陽や月に薄い雲がかかり、その周りに光の輪が現れること。この薄い雲をつくる「氷晶」がプリズムの働きをし、光が中を通り抜けるとき屈折することで暈はできる。祖母が「お月さんがカサを被ってはったら明日は雨」と、夜空を見上げながらつぶやいていたのを思い出す。太陽の周りに出る暈を「日暈《ひがさ》」、月の周りに出る暈を「月暈《つきがさ》」、実際に翌日雨が降る確率は60〜80％くらいだという。

光冠　こうかん

霧や薄い「層雲」越しに日月を見たとき、光が雲の中の水滴によって回折され、太陽や月の周囲に光の輪がかかる現象。輪の色は白色、または外側が赤く内側が青紫色で、「暈」と逆になる。「光環」とも書く。

稲妻　いなずま

雷が落ちるとき、雷雲から地面、山の間に走るジグザクな光、放電現象のこと。古代、稲は稲妻を受けて結実すると信じられていたことから「稲の夫《つま》」とされた。

光

陽炎《かげろう》

日差しの強い日、地面から湯気のようにゆらゆらしたものが立ちのぼり景色が揺蕩《たゆた》うこと。直射日光が地面を熱し、暖められた地面近くの空気は上昇気流をつくる。このとき、周りの冷たい空気が混ざり込み、通過する光が不規則に屈折するために起きる現象。平安時代以降の和歌では、あるか無きかに見えるもの、見えていても実体のないもののたとえとされることが多い。

幻日　げんじつ

太陽と少し離れた同じ高さに、うっすらと小さな太陽があるように見える現象。大気中に漂う「氷晶」は六角柱、これがプリズムのような役割をし、太陽の光が屈折することで起きるというが、絶妙な太陽高度と氷晶の量など非常に難しい条件がぴたりと重ならないと見られない。月にも同じような現象は起きる、これを「幻月《げんげつ》」という。本当に「幻《まぼろし》」に近い現象なのだろう。

月光　げっこう

月の光または「月影」のこと。古語では「影」のことを「光」という。光を遮ることによって浮かび上がる「かたち」や「すがた」のことで「面影」なども同じ意味で使われる。月は太陽の光を反射することで輝くため、このような美しい言葉も残されている。

環天頂アーク《かんてんちょうあーく》

太陽の上空46度前後の空に現れる、虹色に弧を描く光の帯。この形は円弧の下の方かたちを描くため「逆さ虹」とも呼ばれる。季節は限られていないが、太陽の低い冬場に現れやすい。

環水平アーク《かんすいへいあーく》

太陽の下46度前後の空に現れる、ほぼ水平な帯を描く虹色の光の帯。「虹」との違いは、環天頂アーク、環水平アークともに太陽と同じ方向に見える。

光芒《こうぼう》

厚い雲の切れ目から太陽の光が、放射線状に降りている神秘的な光景。「天使のはしご」と呼ばれ、目にしたことのある方も多いはず。その光景はとても神々しい。太陽が雲より上にある場合は、下から上にこの光が出る。太陽の光は、ほぼ真っ直ぐに見えるはずだが、道路の遠くを見ると細くなって見えるのと同じように遠近法が働いている。「薄明光線」ともいう。

皆既日食《かいきにっしょく》

太陽が月にすべて隠れて見えなくなる現象。太陽・月・地球が直線に並ぶことで起こる。「皆」は「全部」、「既」は「全部～する」の意。「怪奇日食」ではない。また部分的に隠れることを「部分日食」という。

金環日食《きんかんにっしょく》

「皆既日食」と同じ現象だが、地球と月の距離が遠い時、小さく見える月は太陽を隠しきれないため、はみ出した細い光の輪がくっきり見えること。また「皆既日食」「金環日食」ともに見る場所が違うことで「部分日食」ともなる。

ダイヤモンドリング

皆既日食のとき、太陽が月に隠れる直前と太陽が現れ始めた直後、太陽光が一ヶ所だけもれて、強く輝くため、ダイヤモンドの指輪のように見える現象。

オーロラ

夜空に、色づいた光の帯が揺れ動く幻想的な発光現象。「光のカーテン」と呼ばれ、北極や南極地方に現れるが、日本でも稀にオーロラが見えることがあり、『日本書紀』や『明月記』では「赤気《せっき》」と記されている。名前はローマ神話の女神「Aurora《アウロラ》」に由来するが、民族によっては「邪悪な光」など〝悪いことの起きる前兆〟とも捉えられている。

おめでたい祈り

雲焙り《くもあぶり》

雨乞いのために、山や小高い丘に登り大火を焚く祭礼のこと。雲をあぶり、焼き、天を破って雨を降らせようという発想からきている。「千束焚き」ともいわれるが、民俗学者の柳田國男が「祭り」から「祭礼」への歴史的変換論を提示した指標のひとつに「風流という美意識の成立がある」とあげている。幾時代もの研究者たちを経て、雨乞いのような危機儀礼に見物客と参加者が加わり、観る、観られるという関係性の中で祭礼に展開したといい、「火の風流」という美しい言葉がうまれた。

風日待

かざひまち・かぜひまち

風鎮めの祭りのこと。稲の開花時期でもある旧暦の八朔、立春から数えて二百十日前後に台風の襲来が多いことから、神様に収穫の無事を祈ったことがはじまり。また「風祭」という神事や、村人が集まり賑やかに祭りをしたり、神社に籠って「風籠り」をするなど、それぞれの地域の風習となった。秋の季語。

風祭

かざまつり

稲作に被害がでないよう「風神」に祈る、風を鎮める祭り。奈良県に古くからある龍田大社の風鎮大祭は有名。秋の季語。

風の盆

かぜのぼん

これも風害を防ぎ豊作を祈願する「風祭」だが「風の盆」がある地域は、地形的に強い風の吹くところが多い。「盆」は「盂蘭盆」からきているが、もともと七月十五日に限らず何らかの節目の日を表すとされていたことから「風の盆」は季節の節目と、二百十日の風の厄日に風神鎮魂を願う「風祭」に習合したといわれる。中でも越中八尾《えっちゅうやつお》の「おわら風の盆」に魅了される人は多く、その練り歩く姿は独特だ。哀愁漂う胡弓と三味線の音色に、深く被った編笠で踊り手の顔はほとんど見えない。無言で通り過ぎてゆく町流しはとてもゆっくりと進み幻想的な世界と余韻に包まれる。秋の季語。

虹　にじ

雨上がりの空などに円弧を描いた七色の光の帯が現れる現象。雨など大気中に漂う水滴の中を光が通過するとき複雑に屈折、分散するため。白く見える光は、波長によって見え方の違う色が集まってできており、分散すると日本では、外側から順に「赤・橙・黄・緑・青・藍・紫」とされているが、実は、時代や国によって考え方や数が異なる。

赤虹　あかにじ

朝焼けや夕焼けによって、赤く染まった太陽の光が白虹に反映され、赤く見える虹。

白虹　しろにじ・はっこう

霧のように、大気中の水滴が雨よりも小さいとき、光は水滴の中を通らず、外側をまわり込んで進むため光は分散されずに白いままに見える。「霧虹」ともいう。

月虹

げっこう

月の光によってできる夜の虹。昼間の虹と原理は同じだが、月は光が弱く、白っぽく見えるため「白虹」とも呼ばれる。中でも満月の前後、空気中に水滴が多い雨上がりや、月と反対側が暗く澄んだ空のときなどはとても美しく見える。石垣島やハワイなどで見られることが多い。

主虹

しゅこう・しゅにじ

縁起が良いとされる虹、二重に見える虹の内側のこと。太陽の光が水滴に入り時計回りに一回反射し、出た光によるため、色は内側が紫、外側が赤となる。実は虹が出ているときは常に二重になっているが、外側の虹は薄いためほとんど見えない。

副虹

ふくこう・ふくにじ

二重に見える虹の外側のこと。副虹は太陽の光が水滴の中で二回反射した光によるため。この光が私たちの視野に達するには、水滴の中で反時計回りに屈折しないといけないため、色の並びは主虹と逆で内側が赤、外側が紫となる。二回反射するため、副の光は弱くなる。

「鳳翔館雲中の間」平等院蔵

空の云われや
ことわざ、四字熟語

自分の信じていることわざがある。
必ず当たる、お天気がある。
空を見て、雲を見て、湿度までもを感じとるチカラが
まだ強く残っていた時代の言葉は
大切な子どもたちに、そして未来につながるのだと思う。

空の云われやことわざ

空知らぬ雨
そらしらぬあめ

空の知らない雨とは「涙」のこと。人に見られたくない涙を雨にたとえている。

空を歩む
そらをあゆむ

心が乱れ、迷うあまり、フワフワして足元もおぼつかないことのたとえ。

空に三つ廊下
そらにみつろうか

天候が定まらないことを、降ろうか・照ろうか・雲ろうかと、三つの「廊下《ろうか》」にたとえた面白い言葉。

女心と秋の空
おんなごころとあきのそら

女性の心が変わりやすいことを、秋の空の移ろいやすさにたとえたことわざ。

空吹く風と聞き流す
そらふくかぜとききながす

どこかの空で吹いている風くらいに関心を持たず、素知らぬ顔をすること。

蜘蛛が巣を張れば雨が降らない
くもがすをはればあめがふらない

雨風が強くなると虫が飛ばず、巣にかからないため。逆に「蜘蛛が巣を畳むと雨」といわれる。

風は吹けども山は動ぜず《かぜはふけどもやまはどうぜず》

周囲が騒いでいても信念を持って、動じないこと。激しい風が吹いても山はどっしりと動かないことからのたとえ。

柳に風《やなぎにかぜ》

柳は風の吹くままにゆられてなびく強い樹木であることから、相手が強い態度に出ても、うまく交わして災いを避けることの意。

雲行きが怪しい《くもゆきがあやしい》

状況が良くない方向になりそうなことを、天候にたとえた言葉。

雲に架け橋《くもにかけはし》

望んでも叶えられないようなことのたとえ。

天馬空を行く《てんばくうをゆく》

天馬が自由に大空を駆け巡るように、発想や着想が自由で常識に囚われない才能豊かな様子。

鰐の空涙《わにのそらなみだ》

偽りの感情表現、嘘泣きのこと。鰐は、獲物を食べるときに涙を流すという伝説から、偽善の象徴とされている。なぜか悪者にされやすい鰐も気の毒だ。

泣き出しそうな空模様

なきだしそうなそらもよう

涙を雨に見立てた、すぐにでも雨が降り出しそうな空の様子。

富士山が帯を結んで、西に切れると晴れ、東に切れると雨

ふじさんがおびをむすんで、にしにきれるとはれ、ひがしにきれるとあめ

富士山に帯雲がかかっている時は晴れているが、「帯」の西が切れていると西風のため、移動性低気圧が近く、天気は崩れる。東の場合は東風のため、高気圧が近く、晴れる可能性が高い。このことわざは富士山の北側の地域で使われている。

雨ガエルが鳴くと雨

あまがえるがなくとあめ

雨ガエルの皮膚は、空気中の水分を敏感に感じ取ると考えられ湿度が高くなると活発に鳴き始めるため、雨が近いという。

ツバメが低く飛ぶと雨

つばめがひくくとぶとあめ

空気中の水分が多くなると、昆虫の羽も水分をおびて重くなり低く飛ぶ。そのため、その虫を追ってツバメも低く飛ぶようになる。

花鳥風月　かちょうふうげつ

美しい自然の風景や事物のこと。また、それらを鑑賞することや、その趣を和歌や日本画の題材に取り入れ、風雅な遊びを楽しむことをいう。

空空漠漠　くうくうばくばく

限りなく広く、とりとめのない様子。また、ぼんやりと捉えどころのない様子。

晴耕雨読　せいこううどく

世間から離れて、穏やかに気の向くままに暮らすこと。晴れた日は田畑を耕し、雨の日は読書をする、というような意味から。

青天白日　せいてんはくじつ

心にやましいことが無く、隠し事もないことをいう。また、疑いがはれること。「良く晴れ渡った天気」が転じた言葉。

一雁高空　いちがんこうくう

群れから離れ、一羽の雁が飛び抜けて高く飛んでいる様子、孤高の境地をたとえている。

光風霽月　こうふうせいげつ

「雨上がりの空の月や、晴天に吹く風」の意から、心が澄み切った爽やかな状態であること。

雲合霧集《うんごうむしゅう》

多くの人や物がどっと集まってくること。「雲や霧が一気に立ち込める」の意から。

雲散霧消《うんさんむしょう》

物事が雲や霧の消えるごとく、あとかたもなく無くなること。

雲集霧散《うんしゅうむさん》

多くの物が集まり、あっという間に消えてしまうこと。「雲のように集まり、霧のように散る」の意から。

雲心月性《うんしんげっせい》

無私無欲をたとえた言葉。雲のようにとらわれず、澄んだ月のように清い心の意。

台風一過《たいふういっか》

台風が通りすぎ、晴れ晴れとした天気。騒動や波乱が収まり落ち着いて穏やかな状態であることのたとえ。

天馬行空《てんばこうくう》

天帝の乗る馬「天馬」が空を自由に駆け回るように、優れた着想と自由奔放な行動のこと。また、文章や書に勢いがあり優れていることをいう。

游雲驚竜《ゆううんきょうりょう》

書の素晴らしい筆遣いを「悠々と流れゆく雲」と「神秘的で強く勇ましい竜」にたとえた言葉。

空即是色

くうそくぜしき

この世の目に見えるもの「色《しき》」は、刻々と変化する状態であり、不変なる実態は存在しない、即ち一切の存在は現象「空《くう》」である、とする考え方。仏教用語。般若心経には「色即是空、空即是色」と書かれている。雨にたとえると、目の前に降っている「雨」は、コップに取ると「ただの水」となる。「雨」は状態、水の集合体で、「雨」という不変的なものは存在しない、即ち「空」。

おわりに

空を、読む。

なんて生意気なタイトルをつけてしまったのだ。

そう思いながらスタートして、どうにか行き着くことができた。

「現象」では伝えることができないことも、その言葉なしでは伝えられないことも

たくさんありました。反省……。

当たり前のことなのに、「目からウロコ」が落ちることもあった。

灰色の雲は、影だった。透き通る雲は、氷の粒だから太陽の光が透けている……。

「ですよね。」と、独り言が増えていく毎日だった。

漁業や農業だけで生活をしていた時代、天気は直接「命」に関わること。

「感」のように思っていたことは、欠かせない「情報の蓄積」だった。

それでも、プラス「六感」は、必要だと思っている。

今、生きることにも「感じとる」ことを忘れないで、と、切に思う。

「空」のお話をいただいてから、世界的に環境が大きく変わる中、私の周りも確実に変化した。
私的で申し訳ないが、積み上げてきた大きなものを無くした。
ほとんど無くしてしまった……。そんな中でも周りの人たちは変わらずに、
支え、応援してくださったことに、心から感謝申し上げます。
この本を作るにあたって、二冊目、という大冒険に挑戦してくださった芸術新聞社の皆様、
懲りずに励まし、上手に急かし(笑)てくださった編集の今井祐子さん、
離れてしまった環境もそっちのけで、全面的にサポート、デザインしてくれた
〝ワタ〟こと渡邉小葉さん、ドタバタの中、最初の資料集めに奔走してくれたアリアネちゃん、
そして私の想像力に協力してくれたであろう「空の上の母」に、感謝。
本当にありがとうございました。
新しい出逢いもたくさんありました。悪いことばかりではない、同じ景色、同じ雲は決してない
「空」は、万華鏡のように存在している。人生そのものだな、と思うとともに、
この、見上げるといつもあるはずの大空が、見えなくなるような日が来ないように、
祈るばかりです。

佐々木まなび

二〇二三年四月

索引

あ

い

う

参考文献

『空の名前』光琳社出版
『風と雲のことば辞典』講談社
『散歩が楽しくなる空の手帳』東京書籍
『空の見つけかた事典』山と渓谷社
『散歩の雲・空図鑑』新星出版社
『妖怪萬画２ 絵師たちの競演』青幻社
『画図百鬼夜行 全画集』角川ソフィア文庫
『最新の国際基準で見わける雲の図鑑』日本文芸社
『風の事典』丸善出版
『雲の博物館』成山堂書店
『古語辞典　改訂版』旺文社
『漢和中辞典』旺文社
『故事ことわざ辞典』東京堂出版
『大辞泉』小学館

佐々木まなび

雨柳デザイン事務所　代表
裏具　アートディレクター
HAURA Kyoto Japan　アートディレクター

「気配、闇、間」に魅かれ、それらを意識したデザインを追求。
茶道、美術館、劇場関係、装丁などのグラフィックデザイン、ブランディング
メーカー顧問、ショップの空間ディレクションやデザインを手がける。

一九八六年、デザイン事務所「bis」を開設。
二〇〇五年、株式会社グッドマンの取締役に就任。プロジェクトとして二〇〇六年から
京都宮川町にオリジナルの紙文具店「裏具」をはじめ「URAGU HATCH」「URAGNO」をオープン。
二〇二〇年、京都八坂通に初ユニットでのオリジナルテキスタイルショップ
「HAURA Kyoto Japan」をオープン。
二〇二一年、芸術新聞社より『雨を、読む』を執筆、出版
二〇二二年、株式会社グッドマンを辞任後、「雨柳デザイン事務所」を開設。

一九九七年から二十年間、書家、石川九楊に師事。

HAURA Kyoto Japan　Instagram　@hauraofficial_1101

空を、読む。

2023年5月1日　初版第1刷発行
2023年7月1日　　　第2刷発行

著者　佐々木まなび
発行者　相澤正夫
発行所　芸術新聞社
〒101-0052
東京都千代田区神田小川町2-3-12神田小川町ビル
TEL　03-5280-9081（販売課）
FAX　03-5280-9088
URL　http://www.gei-shin.co.jp

印刷・製本　シナノ印刷
デザイン　雨柳デザイン事務所 佐々木まなび
株式会社シェルパ 渡邉小葉
アリアネ・リマンジャヤ
協力　裏具／湖里庵

2023 Printed in Japan
ISBN978-4-87586-667-1 C0095